# 室内空间设计手法与细节化设计研究

王秀秀 著

中国水利水电出版社
www.waterpub.com.cn
·北京·

**内 容 提 要**

本书是关于室内设计的手法与细节化设计方面的理论著作，全面而详细地论述了室内设计的方法、原则、空间、所需材料等知识。

全书从不同的设计角度来论述室内设计，在对室内设计的色彩、空间界面、室内环境和家具陈设这几方面进行分章论述，重点内容是对不同的室内空间类型的分析。书中运用简洁的文字与图片相配合，对各类案例进行详细的解析，可以更好地帮助读者深入了解室内设计的意义与价值。

本书内容全面，结构清晰，案例丰富，适合室内设计专业人士和相关的爱好者使用。

**图书在版编目 (CIP) 数据**

室内空间设计手法与细节化设计研究 / 王秀秀著
. — 北京 : 中国水利水电出版社，2019.4 （2025.4重印）
ISBN 978-7-5170-7636-0

Ⅰ. ①室… Ⅱ. ①王… Ⅲ. ①室内装饰设计－研究
Ⅳ. ① TU238.2

中国版本图书馆 CIP 数据核字（2019）第 079696 号

| | |
|---|---|
| 书　名 | 室内空间设计手法与细节化设计研究<br>SHINEI KONGJIAN SHEJI SHOUFA YU XIJIEHUA SHEJI YANJIU |
| 作　者 | 王秀秀　著 |
| 出版发行 | 中国水利水电出版社<br>（北京市海淀区玉渊潭南路 1 号 D 座　100038）<br>网址：www.waterpub.com.cn<br>E-mail：sales@waterpub.com.cn<br>电话：（010）68367658（营销中心） |
| 经　售 | 北京科水图书销售中心（零售）<br>电话：（010）88383994、63202643、68545874<br>全国各地新华书店和相关出版物销售网点 |
| 排　版 | 北京亚吉飞数码科技有限公司 |
| 印　刷 | 三河市华晨印务有限公司 |
| 规　格 | 170mm×240mm　16 开本　20.75 印张　269 千字 |
| 版　次 | 2019 年 7 月第 1 版　2025 年 4 月第 4 次印刷 |
| 印　数 | 0001—2000 册 |
| 定　价 | 98.00 元 |

# 前　言

室内设计是一门新型学科，它依托于建筑设计和艺术设计，是利用技术与艺术的手段，对建筑空间进行再创造，其本质是功能与审美的结合。随着我国经济的迅速发展，人们对室内设计的要求已不仅仅满足于使用功能需求，而是更体现在对文化内涵、艺术、审美的追求上。这就要求现代室内设计成为既有科学性又有艺术性，同时还具有文化内涵的新型学科。

室内设计作为一门独立的专业，在世界范围内的真正确立是在20世纪六七十年代之后，现代主义建筑运动是室内设计专业诞生的直接原因。在此之前的室内设计概念，始终是以依附于建筑内界面的装饰来实现其自身的美学价值。自从人类开始营造建筑，室内装饰就伴随着建筑的发展而演化出风格各异的样式，因此在建筑内部进行装饰的概念是根深蒂固而又易于理解的。现代主义建筑运动使室内设计从单纯的界面装饰走向空间的设计，从此不但产生了一个全新的室内设计专业，而且在设计的理念上也发生了很大的变化，其关键在于从传统的二维空间模式设计，转变为以创新的四维空间模式进行创作。这种创作模式既不是空间艺术表现传统的二维模式或三维模式，也不是简单的时间艺术或者空间艺术表现，而是两者综合的时空艺术整体表现形式。其精髓在于室内空间总体艺术氛围的营造，这是室内传统的设计思维方式在观念上的根本转变。

当前，随着人们生活水平的不断提高，现代人在室内设计方面尤其注重使用和审美这两个因素。为此，市场上出现了很多关于室内设计方面的书籍，但是很多书籍主要论述的是室内设计的某一个方面，基于这种情况，作者独辟蹊径，从室内空间设计手法与细节化设计两方面着手，对室内设计相关知识加以论述，撰写了《室内空间设计手法与细节化设计研究》一书。

本书总共分为八章，其主要内容包括：第一章是室内设计方法的理论依据，主要论述的是设计方面的基本知识，包括设计的本质理论、设计的艺术感、设计的创造基础，为我们接下来的研究奠定研究方法、打下理论基础、厘清发展脉络。第二章是室内设计的基本原则，主要包括室内设计的功能与精神、室内设计的环境与心理、室内设计的其他原则，为室内设计确定需要遵循的原则依据。第三章是室内设计的空间与界面组织，主要包括室内空间概述与宏观要求、室内空间的功能布局、界面组织、分割组织。第四章是不同的室内空间类型设计，主要包括了五个方面的内容，即居住空间设计、办公空间设计、餐饮空间设计、健身娱乐空间设计、展示空间设计，充分展示出不同的室内设计空间所包含的设计理念。第五章是室内设计的色彩搭配，主要包括了室内色彩的基本要求与方法、室内色彩设计搭配原则与方法、室内色彩的心理功能、室内色彩对比与协调，体现出室内色彩和人之间的关系。第六章是家具与陈设设计，主要有家具安排、家具选择、陈设设计三个主要方面。第七章是室内光环境设计，主要论述的是室内空间的自然光设计、室内空间的人工照明设计、未来照明设施设计，对室内光的使用提出相应的规则，并畅想了未来光环境的设计。第八章是室内设计常用材料与工艺，主要论述的是室内设计过程中必需的材料和设计工艺，内容包括三个部分，即地面装饰材料与施工工艺、墙面装饰材料与施工工艺、顶面装饰材料与施工工艺。

本书在写作过程中努力突出以下特点。

第一，结构合理，从基本知识到具体事例，结构搭建符合相关要求。

第二，内容完整，收录了室内设计的多方面知识，包括相关的材料、工艺、空间等。

第三，语言精练，对室内设计的有关内容和具体空间设计形式都做出了详细的分析，所采用的专业术语也比较多，表述准确。

在撰写本书时，作者得到国内外很多专家、学者的大力支持，同时也参考借鉴了一些国内外学者的有关理论、资料信息等，在这里一并表示感谢。由于作者学术水平所限，书中难免会有不妥之处，还望读者批评指正。

作　者<br>2018 年 11 月

# 目 录

# 第一章　室内设计方法的理论依据

室内设计是一个新兴的专业研究方向。室内环境直接影响着人们的居住和生活，因此室内设计最终是要拥有使用功能和审美价值。本章是对室内设计方法理论依据的分析，从设计的本质理论、设计的艺术感、设计的创造基础三个方面来进行论述。

## 第一节　设计的本质理论

### 一、室内设计的本质

#### （一）艺术与科学

艺术与科学，作为人类认识世界和改造世界的两个最强有力的手段，同样体现于设计之中。可以说，设计的整个过程就是把各种细微的外界事物和感受，组织成明确的概念和艺术形式，从而构筑起满足人类情感和行为需求的物化世界。设计的全部实践活动特点就是使知识和感情条理化，这种实践活动最终归结于艺术的形式美学系统与科学的理论系统。

有史以来存在着不同的艺术理论，作为满足人们多方面审美需求的社会意识形态，“艺术”仍然是一个为公众所普遍理解的概念。“艺术”一词显然具有美学的含义，然而艺术的美学含义起源却较晚。在西方的传统思想中，对艺术一词的广义解释和现代对艺术严格界定的含义是不同的。“艺术”的古拉丁语 Ars，类似希腊语中的“技艺”，从古希腊时代到18世纪末，“艺术”一词指制造者制作任何一件产品所需要掌握的技艺。一直到康德第一次使用“造型艺术”一词，以区别于其他艺术。从此艺术品本身成为供人享用的精神产品，成为不需要外力来实现其目的的终极产品。

在这之后的几个世纪，“艺术”一词的意义逐渐界定为专指文学、音乐、绘画、雕塑等审美专业的创作。艺术成为人类以不同的形式塑造形象，具体地反映社会生活，从而表现作者思想感情的一种意识形态。

在东方，艺术的理论博大精深，艺术的风格璀璨辉煌。东方艺术以其独有的特色构成它自成体系的根基。在古代中国，艺术理论完全融汇于哲学、伦理学、文艺批评和鉴赏中，虽然没有上升到抽象的狭义艺术美学专著，但是其精神内涵已深深地植根于中华民族悠久的文化传统之中。

综观东西方的艺术理论，在艺术审美的统一性上，作为艺术家，总是要创造美的精神产品。由于人们往往习惯于某种艺术风格，一旦某个艺术家创造出新的表现形式，就会引起人们的震惊和振奋。因此，创新成为艺术家永恒的追求。

科学，是在人们社会实践的基础上产生和发展的。然而提到科学，在社会公众的概念中总是以自然科学取而代之，即使是学术界，在涉及艺术与科学的关系时也总是以自然科学作为讨论的对象。

科学技术的发展史与人类的文明史同样久远，当人类第一次使用石斧，第一次学会用火，就标志着科学技术应用的开端。近代，科学技术在西方取得了长足的发展，这时的科学已经从哲学和神学的领域脱颖而出，观察、实验、分析、归类成为科学的工作方法，形成了分支细密而庞大的学科体系。自然科学的异军突起，使人类逐步摆脱偏见和迷信的束缚，人类的精神在探索知识和追求真理的过程中取得进步和解放。近代科技的突飞猛进促使社会生产力得到极大提高，随之而来的工业文明改变了世界的经济结构与产业结构，引起了生产关系的变革，传统的农耕时代随之瓦解。科学的进步促进了人类社会的进步，世界进入了一个全新的时代。

## （二）内容与方法

人类社会的发展需求，促使社会生产力的不断提高，生产力的发展又促使社会分工的加剧。艺术设计在它的发展道路上延续了社会分工演进的基本模式，即从整到分越来越细。

每个专业在自己的发展过程中无不形成本身极强的个性。从艺术的角度来看，个性强无疑值得称颂，但从环境的角度出发却未必如此。任何一门艺术设计专业的发展都需要相应的时空，需要相对丰厚的资源配置和适宜的社会政治、经济、技术条件。

环境艺术设计专业的产生与发展，实际上正是社会分工由分到整的必然。以城市人工环境的建设为例，一般分属四类部门进行设计：市政规划设计、建筑设计、园林绿化设计、装饰艺术设计。如何协调四者之间的关系使之功能合理统一完美，关键在于环境艺术设计。环境艺术设计所起的正是一种指挥、协调、创造的作用。

在我们国家的一些城市，虽然设有建设艺术指导委员会之类的机构，但又多属咨询性质，既无决策权力，又不深入具体设计，并不能起到真正的指导作用。新加坡是一座花园般的城市国家，规划建设和环境艺术设计有口皆碑，关键就在于国家的规划部门是一个集审批权力和执行具体环境艺术设计的机构。在这个机构中，安排有一批具有相当水平的专业设计人员，这些设计师均享受国家公务员待遇，因此保证了规划的权威性和设计的可行性，从而使整个国家的环境达到了世界领先的水平。

进入21世纪，人类发展的主导意识是环境意识，要具备环境整体意识的概念。环境意识是人类发展的宏观意识，需要在全人类中确立；环境整体意识则是当代人工环境的各类设计者所必备的设计概念，整体意识原本就是艺术创作最基本的法则。泰戈尔曾说过:“艺术的真正原则是统一的原则。”

美的、和谐完整的形式体现,主要依赖于艺术创造者的整体意识。因此,整体统一在任何一门单项的艺术创作要素中都是排在第一位的。具有整体意识,写作一篇文章才能主题鲜明、文笔流畅;具有整体意识,谱写一首乐曲才能旋律明晰、生动感人;具有整体意识,绘制一幅图画才能对比恰当、层次分明。

整体意识同样也是艺术设计创作最基本的法则。因为设计本身就是艺术与科学的统一体,审美因素和技术因素综合体现在同一件作品上。

在单项的艺术和艺术设计创作中具有整体意识,并不意味着具备了环境整体意识。由于创新和个性是艺术创作的生命,每一个艺术家和设计师在进行创作时总尽可能地标新立异。尽管在完成的每一件作品中创作的整体意识很强,却不一定能与所处的环境相融汇。一件具象的古典主义雕塑,尽管本身的艺术性很强,造型的整体感也不错,而且人物的面部表情塑造的非常丰富,细部处理也很精致,但是却把它安放在高速公路边的草坪里,人们坐在飞驰的汽车里一晃而过,根本就不可能有时间细心地观赏。一件很好的艺术品放错了地方,说明公路规划的设计者缺乏设计的环境整体意识。城市街道两旁的绿地经常可以看到用铸铁件做成的栅栏,往往要被设计成梅兰竹菊之类具有一定主题的图案,如果单看图案本身也许很漂亮,但是安装在赏心悦目生机勃勃的绿色植物周围,不免喧宾夺主大煞风景。诸如此类,不但不能为环境生色反而影响环境整体效果的例子还很多,所有这些都是缺乏环境整体意识的表现。

确立环境整体意识的设计概念,关键在于设计思维方式的改变。在很长一段时间里,艺术家和设计师总是比较在意自己作品的个性表现,注重于作品本身的整体性,而忽视其在所处环境中的作用。以主观到客观的思维方式进行创作,期望环境客体成为作品主体的陪衬,而不是将作品主体融汇于环境客体之中。是艺术作品和设计实体服从于环境,还是凌驾于环境之上,成为时代衡量单项艺术和艺术设计创作成败的尺子。因此,具备环境意识,具备环境整体意识的设计概念,是21世纪对每一个艺术家和设计师提出的最起码的要求。

（三）形式与作用

我们在这里所说的形式具有美学的含义,这种空间构成的形式,是人对空间形态外观的感觉,主观的空间形态感觉反映于大脑产生形象,形象所表达的形、色、质,以及形、色、质本身状态的变化,组成空间形式美的内容。

作用又可以说是功能,是针对机件与器官而言,如椅子的作用、肝功能等。我们在这里所说的功能除了以上的含义外,还包括了与“结构”相对的功能概念,即有特定结构的事物或系统在内部和外部的联系和关系中表现出来的特性和能力。

就设计对象的内容而言,形式与作用是不可或缺的两个方面。外在的空间形态所具备的美学价值体现于人的美感体验。美感即人对于美的主观感受、体验与精神愉悦。美感的获得来自于人的心理因素,即感觉、知觉、表象、联想、想象、情感、思维、意志等。由于人处于不同的时代、阶级、民族与地域,因此形成了人与人之间在观念、习惯、素养、个性、爱好等方面的差异,对同一事物形成的美感自然也就不同。

由于设计对象表现为多种空间形态,不同的空间形态所体现的审美取向具有相对的差异,传达给人的美感自然各不相同。

室内设计是可以从多元化角度看问题的,以平面的二维时空造型设计,可以从平面图形与文字的形象、构图和色彩进行创作,因此平面设计成为单一感官接受美感的设计项目。以产品的三维时空造型设计,以视觉和触觉传达为其主要知觉的特征,主要以形体与线型的样式、质地和色彩进行创作,因此产品设计成为多元感官接受美感的设计项目。以室内的四维时空造型设计,可以从视觉、触觉、听觉、嗅觉、温度感觉传达为综合感觉的特征,来表达空间整体形象的氛围体现进行创作。因此,室内设计成为人体感官全方位综合接受美感的设计项目。

可见,室内的审美是单位空间中所有实体与虚形的总体形象,通过人的视、听、嗅、触感官反映到大脑所形成的氛围感受来实现的。其中视觉在所有的审美感官中起的作用最大,因此构成典型室内六个界面的形、色、质就成为设计中主要考虑的审美内容,称其为室内的视觉形象设计。视觉形象设计一方面要注重界面本身的装修效果,另一方面更要注意空间中的陈设物与界面在不同视角形成的总体效果。

## 二、室内设计的定义

现代室内设计,亦称室内环境设计,是根据建筑物的使用性质、所处环境、使用人群的物质与精神要求、建造的经济标准等条件,运用一定的物质技术手段、美学原理和文化内涵来创造安全、健康、舒适等环境,以符合人的生理及心理要求,满足人们各方面生活需要的内部空间环境的设计,是空间环境设计系统中与人关系最直接、最密切和最主要的方面。

## 三、室内设计的发展

人类社会从原始部落发展到具有高度文明的今天,对自身的生存和生活环境品质的改善总在孜孜不倦地追求。

当先民们学会为自己建造遮风挡雨的居住建筑或为敬奉的神灵建造祭祀宗教建筑时,装饰就和建筑主体紧密地结合为一体,以绘画、雕刻、雕塑等形式存在,而且多与建筑结构构件融合在一起,这些装饰主要是由建筑师、画家、雕塑家或是匠人来完成的(图 1–1)。

在欧洲,到 17 世纪初的巴洛克建筑时期,出现了室内装饰与建筑师行业的分离。建筑和营造技术的成熟,使得大量建筑的使用所限大大延长,而室内环境的使用周期相对较短,需要每隔一定年限就对建筑内部进行重新粉饰或改装。在不改动建筑主体结构的前提下，对室内空间进行改装，从而推动了室内装饰风格的流变。

图 1-1 布拉格的圣维特大教堂

巴黎的苏比斯府邸就是这一时期的典型建筑（图 1-2），其室内装饰标准符合洛可可风格，尤其是一间被称为“公主沙龙”的圆形小客厅，其无论从形态构造还是色彩运用上，均完全地符合洛可可审美的方方面面，堪称洛可可艺术的教科书。

图 1-2 巴黎的苏比斯府邸

近代工业革命引发的对建筑新形式、新技术、新材料的探索，推动了混凝土建筑的发展。伴随着各种新的建筑类型的涌现，众多的建筑师在他们所设计的建筑内部空间里演绎着与建筑风格一脉相承的精彩，在历史上留下了珍贵的范例。

位于奥地利首都维也纳的分离派美术馆（1897 年），建筑外观和室内空间都是由约瑟夫·奥尔布里奇设计的，以具有古典韵味的现代形式体现了直线与曲线的平衡（图 1-3）。

**图 1-3　维也纳分离派美术馆**

室内装饰行业作为一个被社会承认的、为他人提供装潢设计的行业，应从 19 世纪末算起。装饰艺术（Art Deco）是 20 世纪两次世界大战之间风靡起来的一种刻意反常的艺术风格。它的名字起源于第一届装饰作品展，即 1925 年在巴黎举行的“现代工业装饰艺术国际博览会”。承蒙室内设计师让·米歇尔·福兰克、保罗·布瓦列特和室内设计师兼家具设计师艾琳·格瑞的作品展出，令巴黎在 20 世纪初期成为一个伟大的设计中心。20 世纪 20 年代晚期和 30 年代，现代主义从包豪斯设计风格中蜕变出来，并取代了装饰艺术。包豪斯设计风格是由沃尔特·格罗皮乌斯创立的颇具影响力的德国设计学派，后来由建筑师密斯·凡·德·罗主持。包豪斯设计风格是倡导利用最少的色彩、修饰和建筑特征的功能主义，其成功需要相当多的设计技巧。

随着包豪斯学派“形式追随功能”的建筑设计观念引领着现代主义建筑走向全球，“室内装饰”逐渐衰落。而与建筑空间和结构相关的“室内设计”站到了历史舞台的前沿，在强调使用功能而把造型单纯化，装饰简化甚至摒弃装饰的设计思想影响下，室内设计把使用功能以合理性与逻辑性的形式表现放在最重要的地位，从业人员被称为“室内设计师”或“室内建筑师”，他们在设计中更多地考虑如何运用新材料、新技术表现新创意。

代表人物为凭借后现代主义的作品反对现代主义的建筑师菲利普·约翰逊，他于1949年为自己设计的位于康涅狄格州的住宅，以当时的合作者密斯·凡·德·罗的范思沃斯住宅为蓝本进行设计，钢和大片玻璃的运用使建筑形式和室内空间追求纯净感和流动感（图1–4）。

图1–4　菲利普·约翰逊的玻璃屋

近年来，室内装饰和室内设计的界限在淡化，更为公众和专业人士所接受的室内设计师不仅需要对客户需求进行分析和确定，对建筑的室内空间进行合理规划，对各界面及装饰进行处理，对室内物理环境进行设计，而且也需要根据客户对生活品位的追求来把握整体装饰风格,搭配色彩,选配家具、照明灯具、装饰织物、艺术陈设品、绿化等,同时还需要在整个装饰工程实施过程中提供特殊节点做法指导,监督施工质量和确保最终装饰效果的服务。

## 四、室内设计的目标

室内设计师深知,原始的室内环境对居住者生活的作用仅仅是庇护,现代室内环境需要设计师具备专业技术知识和美学鉴赏力,既能创造高效而又使人愉悦的空间,又能为使用者提供生理和心理的舒适,同时设计师还应具有清晰的经济预算分配意识。简单地说,设计师的最终目标是:室内空间既满足了客户对功能的需求,又符合美学标准,并且在客户经济预算范围内完成。

### (一)功能和人的因素

室内设计要履行它的预期功能:"满足使用者的需求",人类才能生存下去。在设计工作开始阶段,需要对空间功能做认真的思考。决定空间功能时,人的因素是首要考虑的要素,这是室内设计的第一个目标。例如,孩子、老人和残疾人等有特殊需求的使用者的需要是必须考虑的,所以进行托儿所、老年人福利院或大学教室等设计项目时,设计师所要考虑的人的因素的内容是完全不同的。

从心理学角度分析,人类对空间的比例尺度要感到舒适,需要从建筑顶面的高度、墙面的宽度和结构支撑等三维方面进行考虑。空间过大或过小,使用者都会觉得不适应。当然,满足人的心理需要同样涉及其他设计要素,包括造型、色彩、灯光、材料的选择和搭配。

室内空间和固定设备设施的尺寸既要符合使用者的比例,也要符合其生理的需求,并且根据功能需要设置一定比例的储存空间。例如,休闲椅不仅要符合使用者放松状态对尺寸的要求,而且与桌子的高度要相匹配，同时台灯要有足够的照度但没有眩光。

设计师创造的环境不仅要满足客户的需求，而且使用起来也必须是安全的，这就要求必须遵守相应的建筑法规。无论室内空间看起来多么美观，如果不能在安全的前提下有效地满足使用者对空间活动和功能的需要，那么设计就是失败的。

### （二）美学

室内设计第二个目标是创造使人心情愉快和动人的空间环境，所以培养室内设计专业学生的审美意识和对美的敏感性是最基本的。这些室内环境包括住宅、办公空间、商业空间、医院和健康关怀中心等。

通常，任何人都可以表达个人的喜好，但是真正的审美鉴赏力需要高水平的辨别能力，这种辨别能力需要多年的训练和观察才能培养出来。出色的设计没有绝对的公式，可是比例尺度、韵律、平衡、强调和协调等美学法则的成功应用，可以帮助设计师提升设计方案的艺术内涵，增加设计师项目成功的机会。

创造出色设计所需具备的知识能够培养和教育客户，帮助设计师引导客户做出科学的设计选择。同时，也体现出优秀的设计是一个长期的投资，尽管有时是昂贵的，却是值得花费的。

### （三）经济学和生态学

室内设计的第三个目标是不超出项目的预算，这通常被看作是设计师或设计机构信誉的标志。设计师的工作是通过设计满足客户的需求，并且控制在双方同意的合理预算范围内。如果设计师在方案阶段发现项目超出了最初的预算，设计师有道义上的责任告知客户。

在设计和选择室内材料及产品时，价格成为重要因素。设计师在考虑把哪些产品推荐给客户时，需要考虑长期的维护费，甚至是产品全生命周期的所需费用，这就是技术经济统筹。

经济的考虑也与生态和环境有关，经济应该是在生态学的平台上进行，设计师不能为了节约投资选用可能危害人体健康的材料。例如，一些价格便宜的地毯垫料能够使用，但是从垫料里释放出的气体对居住者是有害的。同样，设计师在使用一些稀有的、将对环境产生破坏的资源时，应考虑环境的长期利用。

## 第二节　设计的艺术感

艺术的感觉在于认知的想象，想象的灵感来源于外界的刺激。不同强弱的刺激信息源与人的感知形成共鸣就产生了艺术的感觉。

### 一、艺术的存在与意识

艺术观所反映的本质属于哲学的范畴。探讨存在与意识的关系，就是探讨艺术感觉产生的本源问题。一般认为，艺术的感觉是人的直觉，不少人把直觉归结于艺术思维的主要特征。

我们面对的这个物质世界是异常丰富的，对存在的认识也许就变得永无止境。如果对艺术创作的历史进行简略的回顾，我们会发现人对物质世界存在的认知程度，包括人本身智力与技能的进化程度，几乎完全与艺术的表现形式同步。

人类在石器时代，对客观世界的认知完全处于一种蒙昧的状态，对自然现象的不可知所表现出的对图腾的崇拜，反而体现在不受自然形象的束缚，因此在艺术表现上极其大胆，简约、抽象的图形和纹饰成为原始社会典型的艺术样式。人们在石器时代所居住的岩洞里描绘的动物图形，陶器上粗犷豪放的几何形纹样装饰，不但线条流畅，而且色彩对比强烈。

随着历史的进程，人类的生产方式有了长足的发展，铁器的使用开创了人类生产崭新的时代，从而在艺术上为我们留下了璀璨的农耕文明。纵观东西方的历史文化遗产,最辉煌的部分几乎都产生于这个时期。天文、地理、数学、医学等学科开始产生,人类对自然的认知开始以主观的臆想向客观的验证过渡。由于技术的进步、宗教的产生,人类的思想已逐渐被束缚于表象认知的各个圈层。在各类艺术表现上,基本是以还原自然界与社会生活现实为内容,即使宗教题材也摆脱不了物象的现实。

工业文明敲开了人类发展新时期的大门,全新的生产方式极大地解放了生产力,科学技术的飞速发展使人们挣脱了自然的羁绊,开始向改造自然的深度进军。人类的认知开始脱离物质世界的表象真实,表现在艺术上就是对以往传统的彻底背叛。于是,形形色色的现代艺术流派产生出来,其基本特征是对存在的物质世界从主观认知的理解上给予个性化的解释与表白。这种认知已经完全脱离了现实的表象,更多地深入于物质世界的本源,但又难以表现物质世界所包容的全部。

物质世界的真实对人来讲更多地表现为视觉的感知,这种感知自然会体现于物质外在的形象。在所有的艺术门类中体现这种物象,以视觉作为表现形式的占了绝大部分。

人通过主观能动地观察世界,对存在的现实进行不断的探索,从而发现了新的真实,这个真实反过来又决定了人的艺术创作意识。

## 二、表象与想象

### (一)表象

既然存在决定意识的哲学理念是认识艺术感觉产生的基础,那么研究物质的客观世界与意识的主观世界之间物象信息交流的生成与转换就显得格外重要。在这里,表象与想象在认知的过程中所起的作用是至关重要的。

表象是“在感觉与知觉的基础上所形成的具有一定概括性的

感性形象”。对于艺术家或设计师的艺术感觉而言，表象具有决定意义。这种感性形象是外部世界作用于创造者头脑最初的刺激信息源。

对于艺术家来讲，表象所传达的信息仅具有审美的意义；对于设计师而言，不但涉及空间形态的审美，同时与时空的功能形态相关联。

### （二）想象

想象要体现为空间形态、色彩、质地、气味、光影等要素。空间形态是以物质存在的实体构成的感性形象基础要素，具有形体、方向、尺度、比例的视觉感知特征。色彩与质地是表达抽象空间形态材质内容的实质要素，具有控制氛围、调节情绪的心理感知特征。前者为视觉感知，后者除了视觉感知外还表现为触觉感知。气味是感性的虚拟要素，由于相当部分的物质是无味的，所以味觉感知属于动态的感知类型。光影所表达的是两种概念：影是由光照射物体被遮蔽所投射的暗像，或因反射而显现的虚像，在视觉感知中属于中介要素。影的产生柔化了形、色、质生硬的表象。

### （三）空间形态表象的传递

空间形态表象的传递具有不同的特征。二维空间实体表现为平面，在艺术表达的类型中，绘画是典型的平面表象。设计门类中视觉传达的书籍装帧、海报招贴、包装标识属于平面表象。三维空间实体表现为立体，在艺术表达的类型中，雕塑是典型的立体表象。设计门类中产品造型的陶瓷、家具、交通工具属于立体表象。四维空间实际是时空概念的组合，它的表象是由实体与虚空构成的时空总体感觉形象。设计门类中环境艺术的建筑、景观、室内属于时空表象。

（四）对表象的感知

每一个人都会有对表象的感知，但并不意味每一个人都能够进行艺术创作。因为，如果只有表象的感知而不张开想象的翅膀，认知的表象就不可能转换为新的形象。敏锐的表象感知能力是新形象产生的基础，而丰富开阔的想象则是新形象产生的本质。

（五）第一感觉

一般来讲，第二印象总是最深的，随着接触同一事物或形象的次数增多，刺激的强度会逐渐减弱。因此，第一感觉的想象如果不能够迅即展开，往往会失去最佳的创作想象时机。感觉是在生物的反映形式——刺激反应性的基础上发展起来的。感觉属于认识的感性阶段，是一切知识的源泉。虽然人类的感觉在复杂的生活条件下和变革现实的活动中得到了高度发展，它的产生同时包含社会发展的因素，与自然动物简单的刺激反应有本质的区别，但是生命体本源的刺激反应性所起的作用却是第一性的。因此，保持对事物的第一感觉，在想象的概念中是极其重要的环节。

（六）联想

瞬时感悟未知形态的物象，实际上是认知回忆与强烈的第一感觉碰撞的产物。在这里，联想起着关键的作用，联想属于一种对物象跳跃式思维的连锁反应，是由一事物想起另一事物的心理过程。是现实事物之间的某种联系在人脑中的反映，往往在回忆中出现。联想有多种形式，一般分为接近联想、类似联想、对比联想、因果联想等。在艺术创作中，联想具有强烈的主观意识。在充分调动自身思想贮藏的同时，往往能够在瞬时从一种形象转换到毫不相关的另一种形象，从而产生创作的冲动，将一个从未有过的形象表现出来。

在艺术设计中，创造的想象更多地表现为类似联想，这种联想的方式具有符号关系学的含义。我们经常在讲解室内空间概念时以水杯与房间类比，这就是一种典型的象征相似。尽管水杯与房间的功能各不相同，但它们都是容器；尽管表象不同，但两者的主要特征相似。直接相似是通过平行因素或者效果之间的比较。幻想相似则是把理想的条件作为思维的源泉。

对于艺术家和设计师而言，想象的空间不受任何约束，离开想象我们不可能进行任何创造。从表象的认知到想象的演绎，构成了艺术设计创作过程典型的概念思维模式。

## 三、思维与创造

表象与想象作为认知物质世界最基本的思维客体与主体，显然在新的物象创造中具有决定意义。然而，在艺术设计的领域仅具备这样的认知能力是远远不够的。我们在评价一个人是否具备艺术设计的创造能力时经常要提到“悟性”的问题，所谓悟性实际上就是观察客观世界的思维方式，也就是能否从表象到想象的认知成功转换到新形象的创造。这种创作思维的形象转换方法是一个艺术设计创造者必须具备的专业素质。

### （一）思维

思维是“指理性认识或指理性认识的过程。是人脑对客观事物能动的、间接的和概括的反映。包括逻辑思维与形象思维，通常指逻辑思维。它是在社会实践的基础上进行的。认识的真正任务在于经过感觉而到达于思维”。由于我们的教育体系，无论学校、家庭还是社会，在培育人的思维认识进程中都偏重于逻辑思维而忽视形象思维。然而在艺术设计中，创造者的形象思维能力又显得格外重要。因此，我们在思维与创造的问题上将着重于形象思维模式的探讨。

人的所有活动都要借助于工具，使用工具是人脱离一般动物成为高级动物的显著特征。作为人脑的思维显然也要借助于工具,这个思维的工具就是语言。人之所以能够成为有智慧的生物,语言的发育具有决定的意义。语言成为人区别于其他动物的本质特征之一。就其本身的机制而言,语言是约定俗成的、音义结合的符号系统,与思维有着密切的联系,是人类形成思想和表达思想的重要手段。通过语言交流,人类得以保存和传递文明的成果,从而成为人类社会最基本的信息载体。

语言表达的基本形式是由人的声带振动发出不同音调的字词,通过不同民族特有的语法形式来表达某种同类事物。这种用声音表达的语言方式需要一定的语境来保证,由于语境的限制通过声音的方式传递语言在很多场合受到限制,于是在人类文化发展的过程中就形成了各种不同的语言表达形式。

由声音转换为文字表达,成为人类自身语言最基本的外在表达形式。文字成为记录和传达语言的书写符号,从而扩大了语言表达的时空。作为人类交际功用的文化工具,文字对人类的文明起了很大的促进作用。正是如此,文字也就成为人类思维表达最重要的语言工具。

艺术表达的语言来自于生活又高于生活。文学语言使用符号的文字表达,抽象的文字符号使一部文学作品预留的想象空间十分广阔。所有的事物描述必须经过大脑的记忆联想,才能产生具体的形象。由于每人的社会经历不同,同一文学作品的内容可能会产生无数种人与物的空间形象,形象的不确定性使文学极具艺术的魅力。所以,越是名著越不容易用影视的手段表现。舞蹈语言是人类最原始的语言类型。舞蹈语言使用身体的动作表意,通过动作的姿态、节奏和表情传达,经过提炼、组织和艺术加工产生特定的形体语言。音乐语言使用一定形式的音响组合表达思想和情态,通过旋律、节奏、和声、复调、音色、力度、速度,以声乐和器乐的形式传递抽象的语言。绘画语言使用一定的工具在特定物质的平面上进行空间形态的塑造,通过构图、造型和设色等表现手段,创制可视形象,绘画语言既可表现具象又可表现抽象,属于典型的空间视觉表述语言。

艺术设计从物象的概念来讲，基本上属于不同类型空间的形态表述。从设计的角度出发必须选取适合于自身的语言表达方式。由于绘画语言的条件与之最为相近，所以在技术上采用的最为广泛。可以说，艺术设计主要采用视觉的图形语言工具进行思维。

（二）概念

概念是“反映对象特有属性的思维形式。人们通过实践，从对象的许多属性中，抽出其特有属性概括而成。概念的形成，标志人的认识已从感性认识上升到理性认识。科学认识的成果，都是通过形成各种概念来总结和概括的”。在艺术设计中最初的概念应该具有极其强烈的个性，往往成为控制整个设计发展方向的总纲。设计概念的生成反映了设计者本身的设计素质以及社会实践经验的积累。

在设计中这种形式表现于空间形象的基本要素，或是一种风格的类型。概念都有内涵和外延，在设计中，概念的内涵表现为主观的功能与审美意识，外延表现为这种意识决定的客观物象，内涵和外延是互相联系和互相制约的。概念不是永恒不变的，而是随着社会历史和人类认识的发展而变化的。在设计中概念自然也不会一成不变，同一个设计项目会同时有不同的设计概念，哪一种最好也是要根据当时当地人的特定需求综合判定。

（三）判断

判断是“对事物的情况有所断定的思维形式”。当艺术的成分作为设计内容的主要方面时，物象的判断就很难确定对与错，而只能是相对而言。判断都是用句子来表达，同一个判断可以用不同的句子来表达，同一个句子也可表达不同的判断。在设计中，正确的判断也只能是以相对完整的图形、图纸或部件来确定。判断可按不同标准进行分类，如简单判断和复合判断，模态判断与非模态判断等。

（四）推理

推理“亦称‘推论’，是由一个或几个已知判断（前提）推出另一未知判断（结论）的思维形式”。是客观事物的一定联系在人们意识中的反映。推理的概念更是以严密的逻辑为基础的。在设计中，推理的应用往往以人的行为心理在空间功能的体现上为主，而形象的设计则很难以这样的思维形式进行。

（五）创造与表达

创造是做出前所未有的事情，如发明创造。艺术设计本身就是一种创造。创造是人的创造力的体现。创造力“是对已积累的知识和经验进行科学的加工和创造，产生新概念、新知识、新思想的能力。大体上由感知力、记忆力、思考力、想象力四种能力构成”。艺术设计创作是一种具有显著个性特点的复杂精神劳动，需极大地发挥创作主体的创造力以及相应的艺术表现技巧。

艺术传达是艺术设计创作过程的重要阶段之一。作者用一定的物质材料及形态构成来实现构思成熟的形象体系，将其从内心世界投射到现实世界，化为可供人欣赏的外在审美对象，是作者实践性的艺术能力的表现。这种表现必须依靠大量信息的积累，包括各型各类的物质形象在头脑中的积淀。在设计者的设计生涯中始终需要不断补充这种积淀，这是一种类似充电的过程。人类创造力中的感知与记忆正是在外界不断的信息刺激中生成与积累的。

我们注意到一种现象，在外出参观或考察时经常会使用照相机拍摄景物，如果摄影者只能按动快门匆匆拍摄，而没有时间仔细观摩对象，那么即使拍摄了成百上千张照片，仍然很难有一个全面的形象记忆。空间形象的记忆只有在连续瞬时记忆的时空积累中加以四度时空的尺度、比例、图案分析,并用速写图形的方式记存,才能够记忆长久。

同时,在设计创作中充分利用对比效应,也是增强思考与想象能力的有效方法。设计者实际上始终处于对比效应的控制之中,空间、尺度、比例、色彩、材质几乎都是在不同的对比中产生应用效果的。创造力的培育是一个长期的过程,说到底,它就是艺术感觉能力培养的最终目的。

艺术的感觉在常人看来似乎玄而又玄,实际上,从本质来讲这是一个哲学的认识论问题。在哲学上,感觉论(或称“感觉主义”)是一种认为感觉是知识的唯一泉源的认识论学说。由于对感觉的解释不同,有唯物主义的感觉论和唯心主义的感觉论。我们显然是辩证唯物论者,既重视客观感觉的作用,同时也重视主观能动性的反作用。

## 第三节　设计的创造基础

### 一、室内设计的内容与基本特征

#### (一)室内设计的内容

##### 1.室内空间的组织、调整、创造或再创造

这主要是对所需要设计的建筑内部空间进行处理,对整个空间进行安排,组织空间秩序,合理安排空间的主次、转承、衔接、对比、统一,并在原建筑设计的基础上完善空间的尺度和比例,通过界面围合、限定及造型来重塑空间形态。

##### 2.功能分析、平面布局与调整

就是根据设计空间使用人群的年龄、性别、职业、生活习惯、宗教信仰、文化背景等方面入手分析,确定其对室内空间设计的

需求，从而通过对平面布局及家具与设施的布置来满足物质及精神的功能要求。

由丹尼尔·李伯斯金(Daniel Libeskind)设计的柏林犹太人博物馆完全是出于缅怀第二次世界大战中犹太人惨遭灭绝人寰大屠杀的历史，警示世人要以史为鉴，这就要求在博物馆的空间设计中体现出这样的作用，图1-5为“屠杀之轴”，打开一扇黑色沉重的金属门后，是更加黑暗、幽闭的空间，地上铺满了金属的脸，让人感受到绝望。

图1-5　柏林犹太人博物馆

3. 界面设计

这种是指对于围合或限定空间的墙面、地面、天花板等的造型、形式、色彩、材质、图案、肌理等视觉要素进行设计，同时也需要很好地处理装饰的造型，展现独特的视觉空间，通过一定的技术手段使界面的视觉要素以安全合理、精致、耐久的方式呈现。

图1-6的公共空间的走道设计，一侧的墙面运用了镜面的材质，从视觉上使走廊的空间变宽，并对该空间带来一定的引导性。

4. 室内物理环境设计

物理环境的设计包含了许多内容，为使用者提供舒适的室内体感气候环境，采光、照明等光环境，隔音、吸声、音质效果等声环境，以及为使用者提供安全的系统，为使用者提供便捷性服务的系统等，这是现代室内设计中极其重要的一个内容。为空间的舒适、安全和高效利用，设计师对这一方面也要做详细的了解。

图 1-6 走道空间设计

图 1-7 所示为法国航空头等舱旅客的候机室，机场为了给旅客提供舒适的休息环境，配备了多种智能化的设备，并设计了光环境，改变了空间的氛围。

图 1-7 法航头等舱旅客候机室

5. 室内的陈设艺术设计

设计内容包括家具、灯具、装饰织物、艺术陈设品、绿化等的设计或选配、布置等。在当今的室内设计中，各种陈设的艺术设计可以起到软化室内空间、营造室内氛围、体现个性独特品位与格调的作用，并且这种简单的陈设往往是整体装饰效果中的点睛之笔。

图 1-8 所示是成都一家日式料理店的室内设计，装修不算豪华，但是却展现了浪漫的情趣，室内的竹子装饰也表现了当地的特色，木质的隔间也加深了店里原生态的环境特点。

图 1-8 日式料理店的室内设计

（二）室内设计的特征

1. 目的性

室内设计以满足人的基本需求为出发点和目标，人是空间设计的最终目的，在设计时“以人为本”的理念将贯穿设计的全过程。

2. 物质性

室内环境的实现是以视觉形式为表现方式，这样就离不开具体的物质，以物质技术手段为依托和保障，离不开各种材质、工艺、设备等的物质支持，现代科学技术的进步为设计师和业主提供了更多的选择，设计师在这种条件下有可能带来室内设计领域的变革。

3. 艺术性

艺术性是室内设计所表现出来的一种审美情趣，通过对室内设计的方案策划、装修过程及结果，能够展现出艺术的感染力和对空间的造型能力，在视觉的表现上增加美的享受，展现出空间使用者的心理和精神层面上的要求。现代室内设计由于得到科技和物质手段的支持,在艺术领域的尝试与探索方面变得有更多的可能,有更多的设计作品以前所未有的艺术造型与形式呈现在我们面前。

4. 综合整体性

室内设计各要素是相互影响、互为依存、共同作用的,在设计时要全面考虑人与空间、人与物、空间与空间、物与空间、物与物之间的相互关系,更要对设计时的技术与艺术、理性与感性、物质与精神、功能与风格、美学与文化、空间与时间等诸多层次的要素进行协调与整合。这就要求室内设计师不仅仅要具备空间造型能力,或是功能组织能力,更需要多方面的知识和素养。同时,室内设计是环境艺术链中的一环,设计师应该培养并加强环境整体观。

5. 动态的可变性

建筑的室内环境是会变化的,随着时间的推移,其使用功能、使用对象、审美观念、环境品质标准、配套设施设备、相应规范等多方面都有可能发生变化。因此,室内设计会呈现出周期性更替的动态可变性。

## 二、室内设计行业与室内设计师

### (一)室内设计行业

1. 室内设计行业认同

室内设计作为一个行业正式被社会公众认同,始于19世纪末的美国室内装饰师。室内设计行业在发达国家已经经历了一百多年的发展,逐渐建立起较为完善的行业规范、行业准入规则、职业培训体系。我国的室内设计行业发展至今有二十多年的历史,虽然在时间上与国外相比非常短暂,但通过“走出去,请进来”,向国外同行进行学习和交流,以及系统的高校专业人才培养与行业协会定期地组织培训和研讨，由此在经济较发达地区也逐步建立了相对较完善的行业体系。

室内设计行业主要可以分为两类：住宅类设计（亦称家庭装潢设计，简称家装设计）和非住宅类室内设计（亦称公共建筑装饰装修设计，简称公装设计）。而非住宅类室内设计又可按建筑的使用性质分为办公建筑、商业建筑、展览建筑、旅游建筑、医疗与保健康复类建筑、文化教育建筑、观演建筑、体育竞技与休闲运动建筑、交通建筑等类别。

2. 室内设计职业组织

美国室内装饰者协会（AIID）的出色工作，给室内装饰这一新兴职业带来广泛的社会可信度，促使了职业设计师自己的室内设计协会在20世纪30年代正式成立。职业室内设计师协会章程规定，设计师必须受过专业教育并经过专业训练，才能成为会员。当时协会的重点是强调设计团队和设计院校学生的继续教育、道德规范和与相关职业的协作。

但第二次世界大战以后，商业市场快速发展，装饰师也开始从事酒店、办公室和百货商店等大型公共空间的环境设计，空间规划成为装饰师和设计团队共同关注的焦点。“装饰师”这个称呼开始不能适应他们的工作内容，于是在1957年美国成立了第二个职业设计组织——国家室内设计师协会（NSID），1975年两个组织合并成美国室内设计师协会（ASID），成为当时世界上最大的设计专业组织。

20世纪70～80年代，很多其他的专业设计组织发展起来。80～90年代间兴起了一个被称为“联合声音”的运动，运动的主旨是把所有室内设计组织团结在一起。1994年，商业设计师协会、室内设计师委员会和国际室内设计师协会三者合并成为国际室内设计联盟（IIDA）。无论是美国室内设计师协会还是国际室内设计联盟，都规定只有通过美国国家室内设计资格认证委员会（NCIDQ）的考试，才能成为该组织成员。2002年，美国室内设计师协会和国际室内设计联盟又试图合并成一个室内设计组织，遗憾的是，双方在关键的议题上没能达成一致意见。可是，两个组织仍然继续合作，尤其在一些双方地区范围内。

3. 室内设计的市场划分和专业化

随着包豪斯学派“形式追随功能”的建筑设计观念引领着现代主义建筑走向全球，“室内装饰”逐渐衰落，而与建筑空间和结构相关的“室内设计”站到了历史舞台的前沿，在强调使用功能而把造型单纯化、装饰简化甚至摒弃装饰的设计思想影响下，室内设计把使用功能以合理性与逻辑性的形式表现放在最重要的地位，从业人员被称为“室内设计师”或“室内建筑师”，他们在设计中更多地考虑如何运用新材料、新技术表现新创意。

除了直接为私人住户进行设计，住宅设计还可包括房地产开发的室内家具设计或者样品房的装饰设计。今天的房地产开发商明白，高品质的室内设计将意味着利润损益的差异。过去房地产开发商在室内设计的预算开支会尽量保持最低，而现如今这方面的开支已被当成是划算的生意。许多开发商开始寻求通过室内设计来兜售生活方式，并引进了奢侈品牌策略，无论是推销经典遗风，还是宣扬现代时尚。这样的话，室内设计师就面临着充满挑战、激情四射的设计任务。另外，一些室内设计师更喜欢在特定类型的地产上发挥才干，比如乡村住宅或者定期重新装修。一些欧洲室内设计事务所在海外各个地区比如中东建立了良好的人脉基础，并把它们的业务集中在那里，但另一些事务所可能接受许多不同国家的客户。而有的事务所也可能专门从事某个具体方面，比如厨房、浴室或者婴儿室的设计。通常，厨房或者浴室用具供应商会精明地为那些空间同时提供设计服务，因此一宗供应生意中也可能包含专业的设计服务。厨房设计是室内设计行业的一个十分活跃的专业领域，由于公众意识的提高，厨房服务手段也变得富有创造性和创新意识，图 1-9 中的厨房是开放式厨房加吧台的形式，厨房整体呈现出简洁的效果。

图 1-9　现代厨房设计

尽管室内设计师的职责常常只是设计空间布局和指定表面装饰的细节，但整个装饰材料、饰面、家具和室内陈设的领域太大了，一位专门搞设计项目配饰方面的室内装潢师还可能必须同时负责装饰计划、表面装饰、家具和配件选择等工作。在这些服务项目上，也有专业公司来提供服务。在一些较大的室内装饰事务所往往设有一个装置、配件和设备（FF&E）部门，专门负责这些物品的购买和供应。为配合这个目的，市面上成立了越来越多的专业购买公司。

设计事务所的种类有很多，大小也各不相同。在一些情况下，一间室内设计事务所可能是一处较大的建筑设计事务所的一部分。许多规模较大的事务所会进行商用室内设计，而较小的或者中型的事务所可能只接受住宅设计工作，偶尔才会设计精品酒店、餐馆或者经理办公室套房。在欧洲大部分地区，尤其英国，大规模的设计事务所十分罕见，一般只有十名员工或者仅有几名贸易商的小本经营。

在美国，市场专业化发展得非常成熟。因为具有快速发展的科技，又有各种客户的具体需求，这一点在医药服务业、餐饮业、零售业和展览工作等领域十分有用。欧洲并不缺少专门负责餐馆设计或者医院设计的事务所，但商业设计事务所可以接受各种不同项目的情况并非鲜见。项目管理的专业化要求也变得越来越热门，对于这一点，设计师往往靠项目管理来执行已经协商确定的设计方案。

与专业化的趋势相反，一些设计领域的界限变得越来越模糊，如时装设计师已经开始涉足室内装饰系列产品的设计，这些产品包括玻璃制品、瓷器、餐具、床用织物和餐布等。同样，许多室内设计师也正开始把家具、产品甚至时装设计纳入他们的设计范畴。无论原本所学的是什么专业，一位成功的设计师在建立了自己的品牌之后，也就具备了良好的平台，可以借此拓宽个人的设计种类。室内设计师的工作越来越偏向推销风格，在商业空间设计项目中，客户可能要求他们利用图形或者其他品牌化手段，帮助公司树立形象。

（二）室内设计师

曾担任过美国室内设计师协会主席的亚当（G.Adam）指出："室内设计师所涉及的工作要比单纯的装饰广泛得多，他们关心的范围已扩展到生活的每一方面。例如，住宅、办公、旅馆、餐厅的设计，提高劳动生产率，无障碍设计，编制防火规范和节能指标，提高医院、图书馆、学校和其他公共设施的使用率。总而言之，给予各种处在室内环境中的人以舒适和安全。"

室内设计行业主要可以分为两类：住宅类设计和非住宅类室内设计。不同性质的建筑及使用人群对其室内空间的具体使用和审美要求存在显著的差异，"术业有专攻"，这就造成了室内设计行业的从业单位及个人在市场上有细分，而且在本单位内部或在某一项目实施过程中也存在分工与合作的关系。就整个市场细分来说，住宅类室内设计主要是为以家庭为单位的客户提供市区住宅或公寓、别墅、度假屋，抑或兼有家庭办公功能的 loft 等的室内设计及装修服务，以直接面对特定的、少量的、结构相对稳定的使用对象为特征，设计过程中需要与客户保持密切的联系，力求设计满足客户的具体需求，体现其生活方式和情趣。非住宅类室内设计的业主多为公司、团体，空间的使用人群虽然一般在范围上有所指向，但相对是模糊的，存在很大的不确定性和可变性。因此除了与业主必要的沟通外,设计师需要更多地运用专业知识和创意为使用人群进行规划和设计,此类设计更大程度地依赖设计师的能力来塑造内部空间环境的品质,整个工程实施过程中的质量与效果控制也更受关注,结合国家和地方的各项相关法规和规范也更密切。

1. 职业准备

(1)参加资格考试,获得相关证书

由国家指定的专业机构所组织的执业资格认定考试,是确保通过考试的设计师达到从事室内设计职业最低标准的一个有效的方式,并且资格考试制度能规范设计市场的有序化竞争,确保设计师能更好地服务于社会。

室内设计师执业资格考试是国际上通行的方法,要想获得"室内设计师"这一称号,必须通过资格考试、经过认定获得国家认可的执照。在我国,目前是以技术岗位证书的形式出现的,被国家认可的相关室内设计行业的技术岗位有以下几种。

1)由中国建筑装饰协会认定并颁发证书的高级室内建筑师、室内建筑师和助理室内建筑师。

2)由中国建筑装饰协会认定并颁发证书的高级住宅室内设计师、住宅室内设计师。

3)由国家劳动和社会保障局鉴定并颁发职业资格证的高级室内装饰设计员(师)、中级室内装饰设计员(师)、职业室内装饰设计员。

4)我国的专业室内设计人员也可参加国际注册室内设计师协会(IRIDA)的认证。

(2)加入行业协会,通过定期培训获得进步

设计师应该具有随时代的发展和社会的进步而获得提高的途径,因为人类对建筑室内空间的需求和专业的发展是无限的,这就要求设计师加入室内设计行业协会或装饰装修行业协会,参加协会举办的进修课程。颁发资格证书或者技术岗位证书的机

构也会定期开办学习班，确保持证者的业务水准能跟上专业的发展。

（3）与相关领域里的专业人士保持密切联系

室内设计师从设计项目的前期开始到交付使用，需要来自各方面的支援：建筑设计师、结构工程师和风水电设备工程师能在大型公共项目中提供专业设计力量；具有资质的施工单位能对施工结果承担法律责任；高水平的技术工人能保证达到预期的设计效果和质量，也可以适时提出改进设计的建议；材料、设备和家具供应商可以为设计提供更多的新材料、新设备。设计师应和他们保持良好的联系，在必要时进行整合，获得优化效能。

2. 职业道德

室内设计师所设计的空间环境是为使用者服务的，所以设计师必须具有“为人服务”“以人为本”的基本信条。

室内设计是一项比较烦琐而又需要细致入微的工作，可能在整个过程中需要经常修改、调整，“没有最好，只有更好”，所以要求设计师要有足够的耐心和毅力去关注每一个细节，并且从设计的开始到施工完成都要做好服务，并且有始有终。

室内设计项目一般都会签订委托设计合同(协议)，这不仅仅是确保设计师合法权益的法律文件，也是要求设计师履行其中所规定的服务内容和完成期限的条款。设计师应该要有法律意识，认真执行。

很多室内设计项目需要经过设计招投标，中标后才能获得。设计师应自觉抵制不良的幕后交易行为，通过合法的公平竞争谋取利益。

室内设计师需要参与主要装修材料、设备、家具等的选型、选样、选厂，应本着对业主负责、对项目负责的态度，科学、合理、公正地给予专业上的建议，在这过程中不得利用工作的便利吃回扣或者收好处。

设计师还要尊重其他设计师的专利权，不得抄袭和照搬别人的创意和形式，做出符合自己风格、符合实地环境的原创性设计。

3. 职业前景

城市化的推进、社会财富的不断积累和人们生活水平的提高，给房地产业和建筑市场的发展带来了持续的后劲，室内设计将随之有很长时间的活跃期，能给从业设计师提供良好的实践机会。

另一方面，正如社会的分工越来越细，室内设计领域的市场也在不断细分。随着科学技术与现代建筑环境相结合，其内部功能、设备变得越来越复杂，要求也越来越高，这将促进室内设计行业的进一步细分，对某一类设计领域的专业化设计将有助于设计师掌握更多的专业知识、积累更多的同类经验，也更有助于团队合作，提高效率和市场竞争力。因此，室内设计师在设计实践中应有意识地定向收集信息和参加专业学习，培养自己在某一领域中成为“专业设计师”，甚至是专家。

# 第二章　室内设计的基本原则

室内设计是依靠科学的方法，通过合理运用美学要素和空间功能要素，把表面上看来彼此相对独立的多个学科统一起来。本章重点探讨室内设计的功能与精神、环境与心理，以及室内设计在开展过程中应注意的原则与事项。

## 第一节　室内设计的功能与精神

在室内设计这个概念出现以前，室内装饰的行为就已经存在数千年了。从远古时代人类居住的建筑中，我们已经发现了人们对室内环境进行“设计”的迹象。例如，古埃及神庙中的壁画和石雕，已具备了室内设计的雏形，但不能认为是严格意义上的室内设计。

由于室内设计本身的专业特点，人们对“室内设计”概念的理解存在偏差，常常将室内设计与室内装饰或装潢、室内装修混为一谈，缺乏准确的认识。实际上，它们的内在含义是有区别的，究其原因，主要在于人们对室内设计的工作目标、工作范围没有一个准确的认识。我们知道，室内设计是从建筑设计领域中分离出来的一门新兴学科，它的工作目标、工作范围与建筑学、人体工程学、艺术学和环境科学等相关学科有着千丝万缕的联系，这使其在理论和实践上带有交叉学科的某些特征。从严格意义上来讲，装饰和装潢的原意是指对“器物或商品外表”的“修饰”，着重从外表的、视觉艺术的角度来探讨和研究问题。例如，对室内地面、墙面、顶棚等各界面的处理；装饰材料的选用，也可能包括对家具、灯具、陈设和小品的选用、配置和设计。一个室内空间只有装修施工到位，人居环境良好，装饰体现的意蕴内涵才可以发挥它的魅力。室内装修与装饰或装潢有着本质的区别。室内装修着重于工程技术、施工工艺和构造做法等方面，顾名思义主要是指土建工程施工完成之后，对于室内各个界面、门窗、隔断等最终的装修。室内设计则是根据建筑物的使用性质、所处环境和相应标准，运用技术手段和建筑美学原理，营造功能合理、舒适优美、满足人们物质和精神生活需要的室内环境。这一空间环境既具有使用价值，满足相应的功能要求，同时也反映历史文脉、建筑风格、环境气氛等精神因素。

现代室内设计是综合的室内环境设计，它包括视觉环境和工程技术方面的问题，也包括声、光、热等物理环境和文化内涵等内容。在上述含义中，明确地把“创造满足人们物质和精神生活需要的室内环境”作为室内设计的目的。

室内设计以人为本，一切围绕“为人营造美好的室内环境”这一中心。1974年出版的《大英百科全书》中对室内设计做了如下解释：“人类创造愉快环境的欲望虽然与文明本身一样古老，但是相对而言，仍是一个崭新的领域，室内设计这个名词意指一种更为广阔的活动范围，表示一种更为严肃的职业地位，它是建筑或环境设计的一个专门性分支，是一种富于创造性和能够解决实际问题的活动，是科学与艺术和生活结合而成的完美整体。”一个完整的建筑设计通常包含前期建筑的主体设计和后期的室内设计两个部分。室内设计作为建筑设计的一个分支和延伸，是建筑功能的进一步完善与深化，是建筑设计的最终成果。就“室内设计”而言，这个词包含两个含义，即“室内”与“设计”。在这里我们可以看出室内设计的性质和工作范围。张绮曼教授曾把室内设计的工作范围概括为室内空间形象设计、室内物理环境设计、室内装饰装修设计和家具陈设艺术设计四个方面。从这四个方面我们也可以看出室内设计与建筑设计存在的交叉。

综上所述,我们可以对室内设计的概念及其内涵做如下的概括。

(1)室内设计是在给定的建筑内部空间环境中展开的,是对人在建筑中的行为进行的计划与规范。

(2)良好的室内设计是物质与精神、科学与艺术、理性与情感完美结合的结果。

(3)室内设计的独立性,更多地体现在室内装饰与陈设品的设计方面。

(4)室内设计概念的内涵是动态的、发展的,我们不能用静止的、僵化的观点去理解,而应当随着实践的发展不断对其进行充实与调整。

## 第二节　室内设计的环境与心理

### 一、室内设计的环境

环境艺术设计是一种创造活动,是包括生理、心理、物质、精神等多方面因素的综合性设计,是以人为中心,处理好人与环境诸方面关系的广泛而全面的工作领域。人们生活在环境里,处于特定环境中的人们受着环境因素的影响。

#### (一)自然环境

自然环境是指人们生存的大环境。人类社会发展到今天,工业和科技的突飞猛进给整个人类生活带来了翻天覆地的变化,人类的价值观以及文明形态也受到影响。相对地,人类赖以生存的自然环境,如空气、大地、森林、水等资源都受到了极大地破坏,生态平衡关系一旦被打破,随之而来的是生态危机,最终受到威胁的还是人类自身。日益严重的环境问题迫使人们反思人类的发展历史,重新认识人与环境的关系,可持续发展理论已经被越来越多的人接受和重视,人与环境的关系开始朝良性互动的方向发展。最大限度地融入自然，成为人类共同的理想和目标。

### （二）人文环境

人文环境是指因不同的民族、不同的文化背景、不同的地理气候条件决定了人们的生活习惯和审美存在着一定的差异，即使在同一地区，也因为经济条件的不同，有着不同的要求。因此，在环境设计中要做充分地研究。

它主要包括以下几个方面。

（1）与文化背景有关的生活习惯问题。

（2）与文化背景有关的生活习俗的差异。

（3）因物质条件的差异而提出的不同要求。

总之，对人文环境了解得越深入透彻，设计才越有说服力，否则将千篇一律，不伦不类，流于平庸。

### （三）建筑环境

可分为宏观和微观两个层次，宏观是指与建筑有关联的外部环境，微观则指建筑内部环境即室内外环境。室内环境还可以分远、中、近三个层次，离人近的为近层次，人的视觉及其他感觉程度较强；离人远的为远层次，人的视觉及其他感觉程度较弱；居中的为中层次，人的视觉及其他感觉程度具有过渡性和倾向性。当然，环境的层次是相对的，有时会受人行为的影响，比如注意力集中在某种物体上，尽管距离较远，仍然能成为心理上的近层次。

### （四）听觉环境

#### 1. 听觉

听觉是除视觉以外人类第二大感觉系统，它由耳和有关神经系统组成。听觉要素主要包括音调（频率）、响度、声强。人类可听到的声音频率范围是 20 ~ 20000 赫兹，但随着响度变化，这三者会互相影响。听觉有两个基本的功能：①传递声音信息；②引起警觉,即警报作用。

2. 听觉环境的分类

听觉环境主要包括两大类:第一类是人爱听的声音,如何让人听得更清晰、效果更好,这主要是音响、声学设计的问题;第二类是人不爱听的声音,如何去消除,即噪声控制。

3. 噪声控制

噪声是干扰声音。凡是干扰人的活动(包括心理活动)的声音都是噪声,这是从噪声的作用来对噪声下定义的;噪声还能引起人强烈的心理反应,如果一个声音引起了人的烦恼,即使是音乐,也会被人称为噪声。例如,某人在专心读书,任何音乐对他而言都可能是噪声。因此,也可以从人对声音的反应这个角度来定义噪声,噪声是引起人烦恼的声音。

在室内相距说话者 1 米距离进行测量,其说话声要求如下:

轻声说话 60 ~ 65 分贝,口述 65 ~ 70 分贝,会议讲话 65 ~ 75 分贝,讲课 79 ~ 80 分贝,叫喊 80 ~ 85 分贝。

若某职业需要频繁的语音交流,则在 1 米距离测量,讲话声不得超过 65 ~ 70 分贝。由此可见,为了保证语言交流的质量,背景噪声不得超过 55 ~ 60 分贝。如果所交流的语言比较难懂,则背景噪声不得超过 45 ~ 50 分贝。街道两旁的建筑内,尤其在夏季当窗子打开后,受交通噪声的影响,室内噪声可达 70 ~ 75 分贝,这对语言交流有极大地干扰。要实行噪声防护,我们可以从以下几个方面入手:(1)噪声防护设计;(2)减少噪声源;(3)阻止噪声传播;(4)个人防护措施。

设计噪声防护的重要步骤是选用消声的建筑材料和在建筑内合理地布局房间。在进行设计时,应使噪声大的房间尽量远离,要求集中精力的房间,中间用其他房间隔开,作为噪声的缓冲区。

设计两个房间的隔层时,应考虑墙、门、窗以及天窗等对噪声的隔声作用。对于产生噪声的振动体,可以通过加固、加重、弯曲变形或者改用不共振材料等措施降低噪声。运转着的机械和交通工具，不仅会产生噪声，而且能引起周围物体的震动，甚至引起整个建筑物的震动。因此，重型机械必须牢固地固定在水泥和铸铁地基上，也可安装在具有消声隔层的地基上，根据机器的类型可使用弹簧、橡胶、毛毡等消声材料。

（五）色彩环境

色彩是构成室内环境的重要因素，所有构成室内环境的形式，如实体、材料、构件、陈设、装饰等都有它的色彩形象。对人眼睛生理特点的研究表明，眼睛对颜色的反应此对于形体更直接，即“色先于形”。因此，在环境空间的塑造上色彩起着至关重要的作用。

（六）光环境

灯光在室内设计中起着独特的、其他要素所不可替代的作用。视觉对象的形状、大小轮廓、细部、材料的肌理、色彩相互关系以及位置等，都是由于光才使我们得以察觉，所以光的照明有助于我们观察与认识空间环境。但是采光与照明不是设计师的最终目的，利用它作为一种造型手段来创造更完美的环境才是目的。

建筑中的采光可分为自然光和人工光两类，自然光主要指直接或经过反射、折射、漫射而得到的太阳光源。古代建筑是以日光和火光来照明的，而火光可以说是最原始的人工光了。随着时代的发展，以电力为手段，人工光源的种类也越来越多。阳光的变化很大，强烈而有生气，常可以使空间构成明晰清楚，环境感觉也比较明朗和有气魄；人工光可以产生极为丰富的层次与变化，设计的可能性相对较多，也有很多不同的效果。

### （七）肤觉与环境

#### 1. 肤觉

痛觉、压力感、温感、冷感是由皮肤上遍布的感觉点来感受的。

感觉点的分布是不均匀的，压力点约 50 万个，广泛分布于全身，疏密不同。舌尖、指尖、口唇最密，头部、背部最少。

痛点有 200 万 ~ 400 万个，其中角膜最多。每平方厘米中冷点 12 ~ 15 个，温点 2 ~ 3 个，在面部较多。由于感觉点的分布疏密不同，人体触觉的敏感程度在身体的各个部分是不同的，舌尖和指尖最敏感，背部和后脚跟最迟钝。指尖的敏感是由于细小的指纹对细小的物体敏感，汗毛也是同样的道理。痛觉是普遍分布全身的感觉，各种刺激都可以造成痛觉。

温度感觉：一般 10℃ ~ 30℃刺激冷点，10℃以下刺激冷点和痛点，35℃ ~ 45℃刺激温点，46℃ ~ 50℃刺激冷温点，50℃以上刺激冷点、温点和痛点而产生痛感。

#### 2. 触觉环境

触觉的问题主要是痛觉、压力感和温度感等问题的处理。痛觉实际上是各种刺激的极限，压力太大、太冷或太热都可产生，因此触觉问题也就主要表现为解决压力和温度的问题。

#### 3. 材料质感

当皮肤接触物质材料的时候会产生不同的感觉，之所以这样，是由于在接触的瞬间皮肤温度迅速变化所致。其变化的程度因材料而异，这就会产生舒服或不舒服的不同感觉。如木地板，表面具有 17℃ ~ 18℃的温度时，才能使人感到舒适。皮肤的触感，也并不单纯由表面温度条件来决定，材料表面的凸凹对其也有影响（图 2–1）。

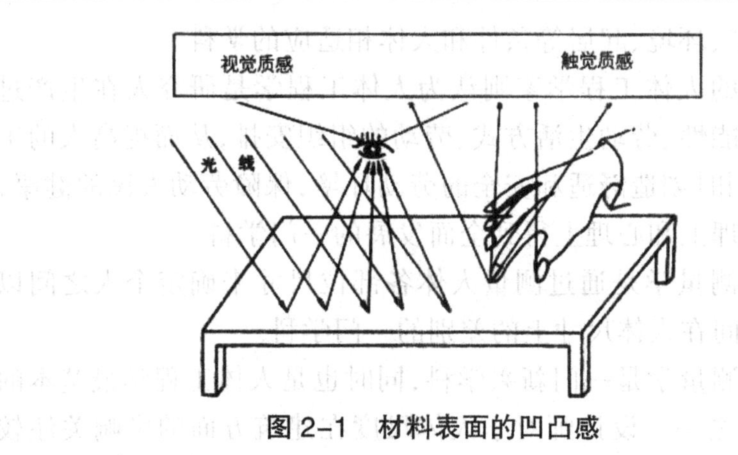


图 2-1 材料表面的凹凸感

## 二、室内设计的心理

### （一）人体工程学与室内设计心理

#### 1. 人体工程学

人体工程学（Human Eigineering），也称人类工程学、人体工学或工效学（Ergonomics）。“Ergonomics”一词在 1857 年由波兰教授雅斯特莱鲍夫斯基提出，它源于希腊文“Ergos”（即“工作、劳动”）和“nomos”（即“规律、效果”），意思是探讨人们劳动、工作效果、效能的规律性。

该学科的定义也不统一。美国人体工程学专家 C.C. 伍德将人体工程学定义为：设备设计必须适合人的各方面因素，以便在操作上付出最小的代价而求得最高效率。W.B.Woodson 认为：人体工程学研究的是人与机器相互关系的合理方案，即对人的直觉显示、操作控制、人机系统的设计及其布置和作业系统的组合等进行有效地研究，其目的在于获得最高的效率及作业时感到安全和舒适。

日本的人体工程学专家认为：人体工程学是根据人体解剖学、生理学和心理学等特性，了解并根据人的作业能力和极限，让机具、工作、环境、起居等条件和人体相适应的学科。

苏联的人体工程学家则认为人体工程学是研究人在生产过程中的可能性、劳动生活方式、劳动的组织安排，从而提高人的工作效率，同时创造舒适和安全的劳动环境，保障劳动人民的健康，使人在生理上和心理上得到全面发展的一门学科。

人体测量学是通过测量人体各部位尺寸来确定个人之间以及群体之间在人体尺寸上的差别的一门学科。

人体测量学是一门新兴学科，同时也是人体工程学最基本的分支学科之一。设计师对于人体尺度在建筑方面的影响关注较早。早在公元前1世纪，罗马建筑师维特鲁威就从建筑学的角度对人体尺度做了较为详尽的论述。古希腊建筑也以人体尺度作为建筑设计的标准。在文艺复兴时期，达·芬奇创作的人体比例图被不断引用和说明。到20世纪40年代，对于人体尺度方面的研究有了进一步发展。

（1）人体测量基础数据。人体测量基础数据主要包括人体构造尺寸、人体功能尺寸的有关数据。

人体构造尺寸也称人体结构尺寸，主要是指人体的静态尺寸，包括头、躯干、四肢等在标准状态下测得的尺寸。在室内设计中应用最多的人体构造尺寸有身高、坐高、臀部至膝部长度、臀部宽度、膝盖高度、大腿厚度等（图2-2、图2-3）。

人体功能尺寸是指人体的动态尺寸，这是人体活动时所测得的尺寸。由于行为目的不同，人体活动状态不同，因此测得的各功能尺寸也不同。人们在室内各种工作和生活活动范围的大小是确定室内空间尺度的重要依据因素之一。以各种计测方法测定的功能尺寸，是人体工程学研究的基础数据。如果说人体构造尺寸是静态、相对固定的数据，那么人体功能尺寸则是动态的，其动态尺度与活动情景状态有关（图2-4—图2-7）。

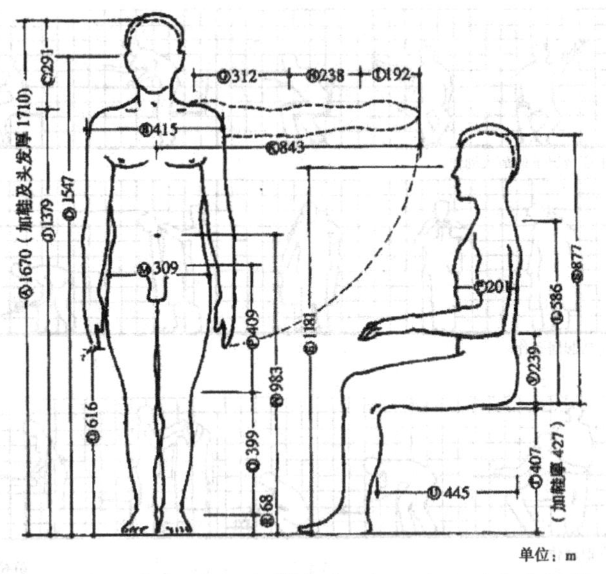


图 2-2　中国中部地区人体各部分平均尺寸(成年男子)

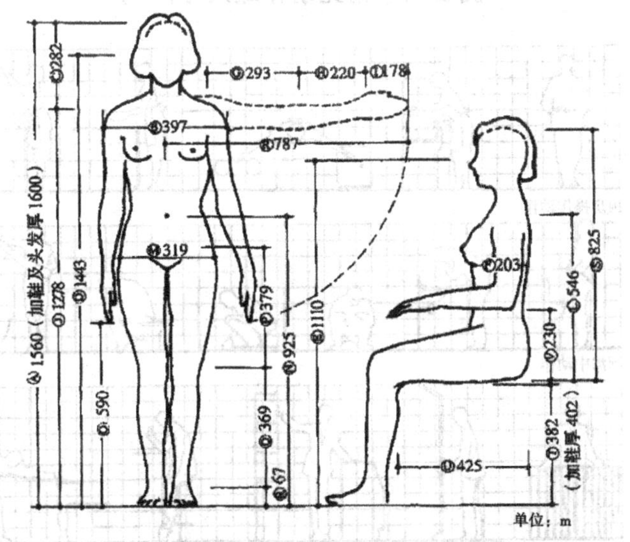


图 2-3　中国中部地区人体各部分平均尺寸(成年女子)

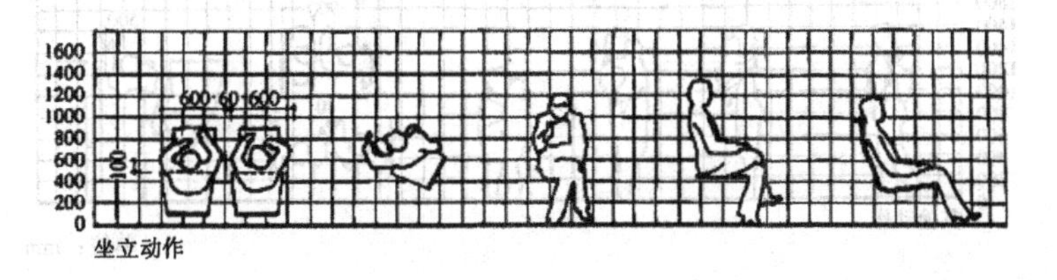

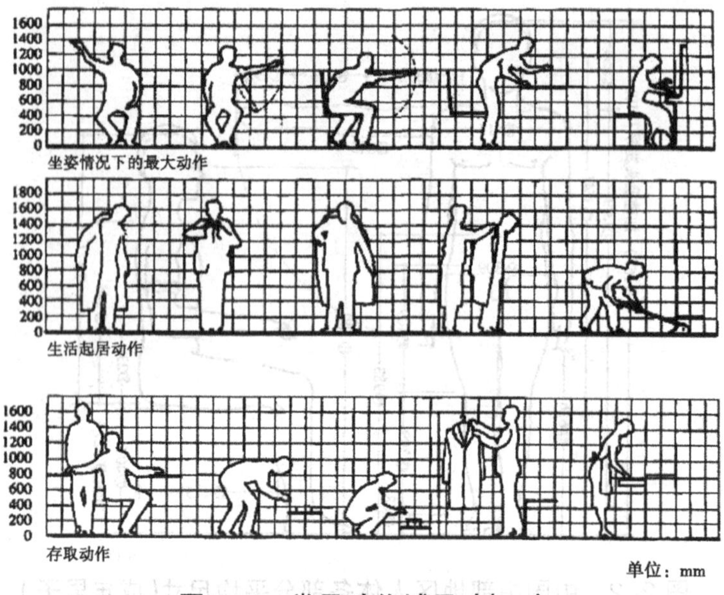


图 2-4　常见动作域尺寸(一)

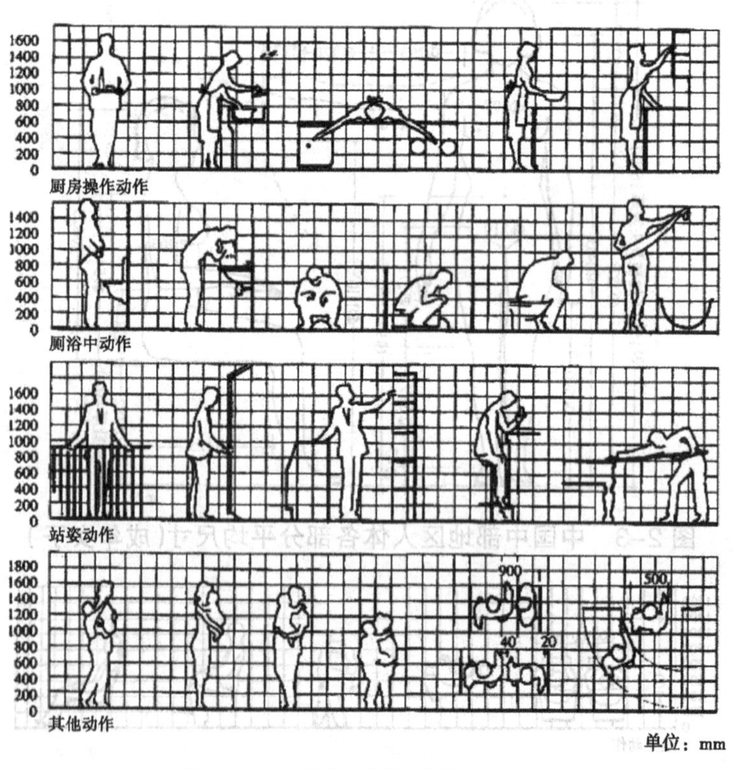


图 2-5　常见动作域尺寸(二)

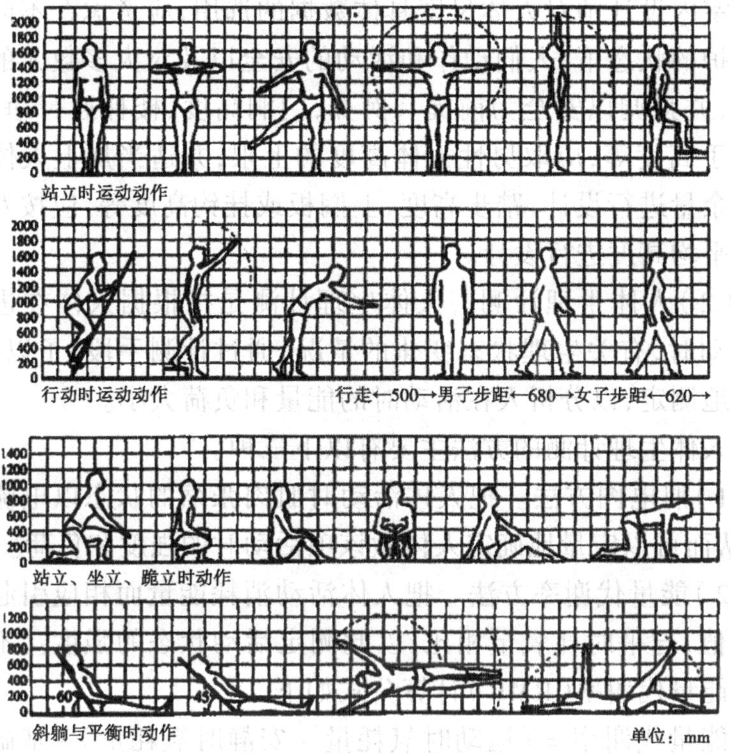


图 2-6　常见动作域尺寸(三)

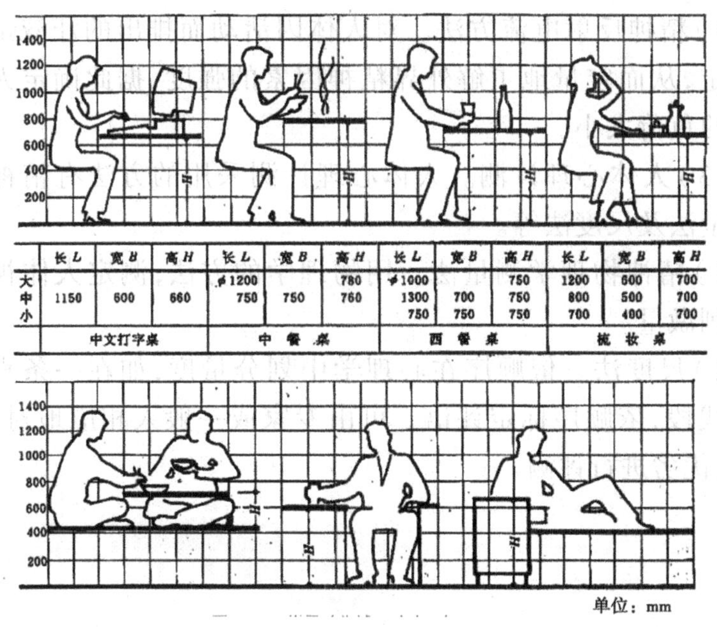


| | 中文打字桌 | | | 中餐桌 | | | 西餐桌 | | | 梳妆桌 | | |
|---|---|---|---|---|---|---|---|---|---|---|---|---|
| | 长 L | 宽 B | 高 H | 长 L | 宽 B | 高 H | 长 L | 宽 B | 高 H | 长 L | 宽 B | 高 H |
| 大 | | | | φ1200 | | 780 | φ1000 | | 750 | 1200 | 600 | 700 |
| 中 | 1150 | 600 | 660 | 750 | 750 | 760 | 1300 | 700 | 750 | 800 | 500 | 700 |
| 小 | | | | | | | 750 | 750 | 750 | 700 | 400 | 700 |

图 2-7　常见动作域尺寸(四)

室内设计师对人体尺度具体数据的选用，应考虑在不同空间与围护的状态下，人们动作和活动的安全以及对大多数人的适宜尺寸，并强调以安全为前提。例如，门洞高度、楼梯通行净高、栏杆扶手高度等，应取男性人体高度的上限，并适当加上人体动态时的余量进行设计，踏步高度、上搁板或挂钩高度等，应按女性人体的平均高度进行设计。

（2）人体生理计测。人体生理计测是指根据人体在进行各种活动时，有关生理状态变化的情况，通过计测手段，予以客观、科学地测定，以分析人在活动时的能量和负荷大小。

人体生理计测的方法主要有以下三种。

1）肌电图方法。把人体活动时肌肉张缩的状态以电流图记录，从而可以定量地确定人体做该项活动时的强度和负荷。

2）能量代谢率方法。把人体活动消耗能量而相应引起的耗氧量值，与平时耗氧量相比，以此测定活动状态的强度。不同活动的能量代谢率（RMR）计算公式如下。

能量代谢率 =（运动时氧耗量 - 安静时氧耗量）- 基础代谢率耗氧量

3）精神反射电流方法。对人体因活动而排出的汗液量做电流测定，从而定量地了解外界精神因素的强度，据此确定人体活动时的负荷大小。

（3）人体心理计测。人体心理计测采用的方法有精神物理学测量法及尺度法等。

1）精神物理学测量法。用物理学的方法，测定人体神经的最小刺激量。

2）尺度法。依顺序在心理学中划分量度，如在一条直线上划分线段，依顺序标定评语。可由专家或一般人相应地对美丑、新旧、优劣进行评测。

2. 人体美的尺度

在希腊人的艺术理念中，对人体的崇尚占据着主导地位，他们不仅将这种美赋予神性，将希腊神像按人体的真实比例来塑造，而且将这种美应用到建筑当中。为了在神庙中设立柱子，获得关于对称、和谐的规则；为了寻找可承重并满足美感的形式，他们测量了男性的足迹，并将足迹与男人的身高相比较。在男人身上，他们发现脚长是身高的1/6，并将此原理应用到柱身上，造就了柱身（包括柱基的厚度）是柱头6倍的比例尺度。因此，在建筑物中使用的多立克柱子显示了男人躯体的比例、强度与完美。随后，当他们渴望以另一种风格的美为狄安娜女神建造神庙时，便以女性纤细特征的语言来翻译这些足迹。因此，得到了相比多立克柱式更加纤细、轻盈的爱奥尼柱式。由于希腊人相信“人体可以作为万物之尺度”，所以在他们的观念中，要获得建筑物的美感，就必须具备人体美的比例关系与和谐的秩序。多立克柱式和爱奥尼柱式分别代表了男性和女性的比例关系，从柱头到柱基的每个部分都形成了以柱径为基准的数字关系，并将这种关系扩展到整个神庙的设计之中。

（二）形式美法则与室内设计心理

1. 数字规律的应用

希腊人对人体美的探索不是停留在形式的表面，而是深入形式的背后，是基于对客观事物的观察、分析而深究其形式的内在规律性——整体与局部的数量关系。抓住了这一点，就抓住了形式和谐的关键因素，也就能够使对美的追求从模糊状态上升到可以度量的状态。

自从希腊人用数学的方法发现了音程和谐的数量关系之后，这种方法就成为西方探索形式美的一条“永恒的金带”，它影响了整个西方建筑的发展。这种研究的直接成果，就是被帕拉迪奥总结的一组能够产生和谐关系的数字组合，$1:\sqrt{2}$、$1:\sqrt{3}$、$1:1.618$、$1:\sqrt{4}$、$1:\sqrt{5}$。这些数字除了在人的躯体中得到表达之外，在自然界的许多事物当中也都有所体现。然而，在实际应用中，复杂的比例关系往往不容易把握和控制。为了解决这个问题，使得在实际操作中更加直观和方便，文艺复兴时期的建筑家们研究出一种辅助分析方法——规线法（regulatinglines），即当许多矩形交织在一起时，如果它们的对角线相互平行或相等，则具有相同的长宽比例。借助规线法人们就很容易建立起一套复杂的比例系统。

2. 形式系统的完善

一种建筑语言的形成不是一蹴而就的，不是某一个建筑师在某个作品中完成的，而是在一个时期或一类建筑中体现出的共同特征。西方古典建筑语言经过九百多年的积累，才发展成为一个完整的形式体系。

在历史上，任何一种建筑语言形式系统的成熟和完善都必须具备四个方面的特点：一是本类型建筑体系经过较长时期的发展，进而演化完善形成具有自身与众不同的独特性风格，具有区别于其他不同类型建筑体系的显著标志；二是其形式特点具有明显的完整性，这种形式特点贯穿于此类建筑的整体和每个部分，直至每个细节，具有符合形式逻辑的一贯性；三是它的特点不仅表现在个别建筑中，也表现在一个时期的一类建筑中，具有风格特点的稳定性；四是形式已经发展为独立的建筑语汇，可以从功能中抽象出来，成为纯粹的语言符号并应用于不同的建筑实践中。

西方古典建筑发展到后来的罗马建筑时，上述特点已经充分显示出来，它标志着古典建筑形式美的原则和古典建筑语法走向成熟。它那种严整一律、对称均衡，具有和谐的比例关系和韵律、节奏感，各组成部分起承转合都达到了无以复加的地步。它不仅有确定的形式规则、词汇、语法，也有与之相对应的语义关系，无论我们在什么时候、什么环境下使用它们，都能通过这些确定的形式系统领悟到其所表达的含义。

建筑语言从西方古典建筑到现代建筑的演绎，也发生了一系列的变化。现代建筑尽管在形式上与古典建筑有明显的不同，但是在遵循多样统一形式美规律的普遍原则这一点上是一致的。现代建筑大师赖特把自己的建筑称为“有机建筑”——具有本质、内在、哲学意义上的完整性。他设计的许多建筑都在体现着他的“有机建筑”理论，不仅强调与自然环境的协调，而且建筑本身也是高度和谐、统一且富于变化的。他强调根据材料和功能的特性而赋予它合理的形式，从而达到外部形式与内在要素的有机统一。

那么什么是真正的多样统一，怎样才能达到真正的多样统一呢？正如格罗皮乌斯所指出的：“构成创作的文法要素是有关韵律、比例、亮度、实的和虚的空间等的法则。词汇和文法可以学到……”因此，我们需要探讨一些与形式美有密切关系的若干基本范畴和问题。

3. 主从与重点

在设计内容的若干要素中，人们会根据各部分要素在整体中所占比重的不同来判断此部分要素所处的主从地位。如果所有要素都处于同等重要的地位，不分主次，就会影响人的判断力，进而削弱整体的完整统一性。因此，在设计过程中，对设计作品中的关键部位应进行强化处理，各组成部分需要区别对待，它们应当有主与从的差别，有重点与一般的差别，有核心与外围组织的差别。通过对造型、色彩、肌理、尺度、材质等要素的处理，可达到突出其主体或中心地位及塑造重点的目的。

4. 均衡与稳定

人们的审美观念是在生活中逐渐培养形成的，存在决定意识。在古代，人们在与重力做斗争的过程中逐渐形成了一套与重力有联系的审美观念，即均衡与稳定。现实生活中的一切物体都具备均衡与稳定的条件。鲁道夫·阿恩海姆提出了物理平衡和心理平衡的概念。前者是指物体在实际物理重量方面达到的平衡；后者是指人的视知觉经验所判断的平衡。视觉平衡与物理平衡有相同的规律。虽然人们不可能去称量物体的质量，却可以凭视觉感受来调整事物的形态、中心、比重等要素来获得平衡关系。

在室内设计中，稳定主要涉及空间上、下之间的轻重关系处理。通常，上轻下重、上大下小的布置形式是达到稳定效果的常用方法。

均衡一般指室内构图的各要素左右、前后之间的联系。以静态均衡来讲，有两种基本形式。一种是对称的形式。对称是最基本的平衡状态，包括轴对称和中心对称，将相同或相似的元素沿对称轴或中心布置，便可以取得对称的效果；对称的处理手法容易突出重点，其中心和轴线位置往往成为视觉中心或空间高潮，可以较容易地形成稳定、宁静、庄严、严肃的氛围。对称的形式天然就是均衡的，加之它本身又体现出一种严格的制约关系，因而具有一种完整统一性。尽管对称的形式天然就是均衡的，但是人们并不满足于这一种均衡形式，而且还要用非对称的形式来体现均衡，从而追求一种微妙的视觉上的平衡。它比对称平衡形式更加自由、含蓄和微妙，可以表达动态的平衡，产生富于变化和生机勃勃之感。非对称形式的均衡虽然相互之间的制约关系不像对称形式那样明显、严格，但均衡本身就是一种制约关系。与对称形式的均衡相比较，非对称形式的均衡显然轻巧活泼得多，如美国的古根海姆美术馆。

均衡会给人稳定的感觉，让人在视觉上感到安全与舒适，均衡包括对称均衡、不对称均衡和发散均衡三种类型。

对称均衡（图 2-8）经常在传统或是高规格的设计中使用来创造一种高贵感，对称均衡会让人产生平和的心境，但使用不当会让空间缺乏活力而显得单调乏味。

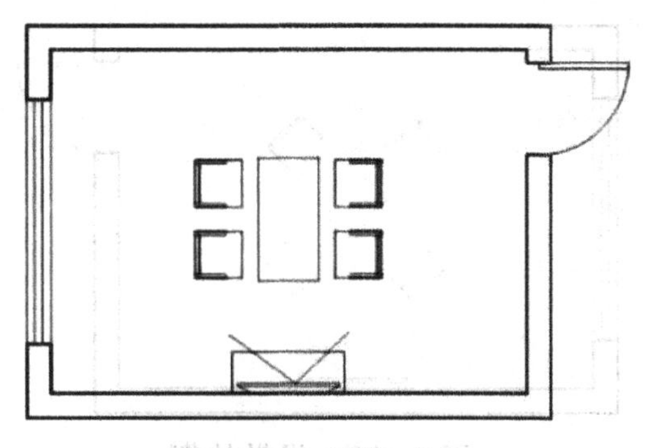

图 2-8 均衡对称

不对称均衡(图 2-9)比对称均衡要积极、活跃,在室内设计中被广泛运用。在不对称均衡中,不同尺寸、不同颜色和不同形状的物体都可以无限制地组合。比如两件小体量的物体可以与一件大体量的物体均衡;小块明亮的色可以和大面积的无彩色产生均衡;一件小的材质光泽的物体可以与一件大的颜色灰暗的物体产生均衡。

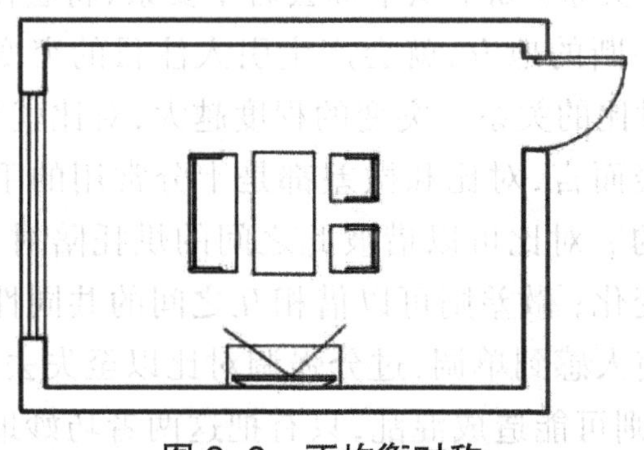

图 2-9 不均衡对称

发散均衡(图 2-10)中,所有的设计要素从中心点向外发散。一般运用于购物广场的中心区、酒店和办公室的门厅设计。[①]

除静态均衡外,还有很多现象是依靠运动来求得平衡的,这种形式的均衡称为动态均衡。例如,一些餐厅设计中吊顶的处理就具有一种动态的平衡,以表明形体的稳定感与动态感的高度统一,这也是一种静中求动的形式美。

① 贺爱武,贺剑平.室内设计[M].北京:北京理工大学出版社,2012.

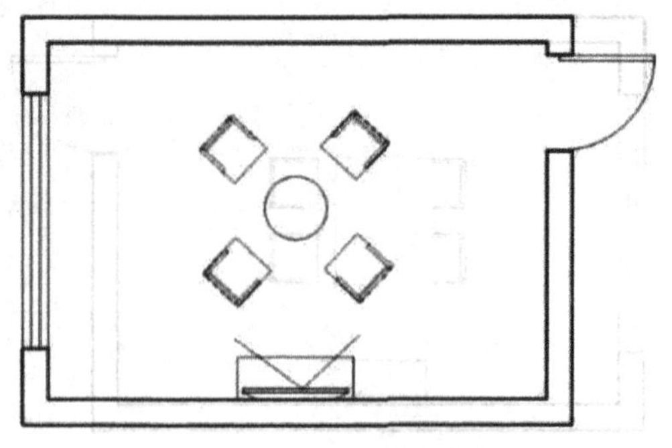

图 2-10　发散均衡

5. 对比与微差

对比指的是要素之间显著的差异，微差指的是不显著的差异或差异比较小。当然，对比和微差是相对的，两者之间没有一条明确的界限，也不能用简单的数学关系来说明。例如，一列由小到大连续变化的要素，相邻之间由于变化甚微，保持连续性，则表现为一种微差关系。如果从中抽去若干要素，将会使连续性中断，凡是连续性中断的地方，就会产生引人注目的突变，这种突变则表现为一种对比的关系。突变的程度越大，对比就越强烈。

就形式美而言，对比和微差都是十分常用的手法，这两者都是不可缺少的。对比可以借彼此之间的烘托陪衬来突出各自的特点以求得变化；微差则可以借相互之间的共同性以求得和谐。没有对比会使人感到单调，过分强调对比以至失去了相互之间的协调一致性，则可能造成混乱，只有把这两者巧妙地结合在一起，才能做到既有变化又和谐一致，既多样又统一。

对比和微差只限于同一性质的差异之间，如大与小、直与曲、虚与实，以及不同形状、不同色调、不同质地等。在建筑设计领域中，无论是整体还是局部，单体还是群体，内部空间还是外部形体，为了求得统一和变化，都离不开对比与微差手法的运用。

6. 韵律与节奏

在室内设计的形式法则中，还存在着韵律与节奏的问题。韵律和节奏往往联系在一起，是表达动态的重要手段。所谓韵律，通常指建筑构图中有组织的变化和有规律的重复，使变化与重复形成有节奏的韵律感，从而给人以美的感受。在设计过程中，常用的韵律手法有连续的韵律、渐变的韵律、起伏的韵律、交错的韵律等。

连续的韵律是以一种或几种要素连续重复排列，各要素之间保持恒定的关系与距离，可以无休止地连绵延长，给人留下整齐划一的印象。

当连续重复的要素按照一定的秩序或规律逐渐变化时，可以产生渐变的韵律。渐变的韵律可以使人形成一种循序渐进的感觉，产生一定的空间导向性。当渐变的元素进行有节奏的变化时，就可以形成起伏的韵律。这种韵律往往比较活泼且富有运动感。

如果把连续重复的要素相互交织、穿插，就可能产生忽隐忽现的交错韵律。韵律在室内设计中的运用极为普遍，我们在形体、界面、陈设等诸多方面都能感受到韵律的存在。

创造节奏与韵律的基本方法有重复、渐变、过渡、交错、对比等。

重复就是重复使用形状、材质、颜色或者图案。在室内设计中应用重复最容易获得节奏与韵律感，但过多的重复又会使空间没有变化，显得单调和无趣。所以，在运用重复手法时要避免重复平庸和普通的事物，不要重复得太多，也不要重复得太少，注意重复那些加强了基本特性的形状和颜色（图 2–11）。

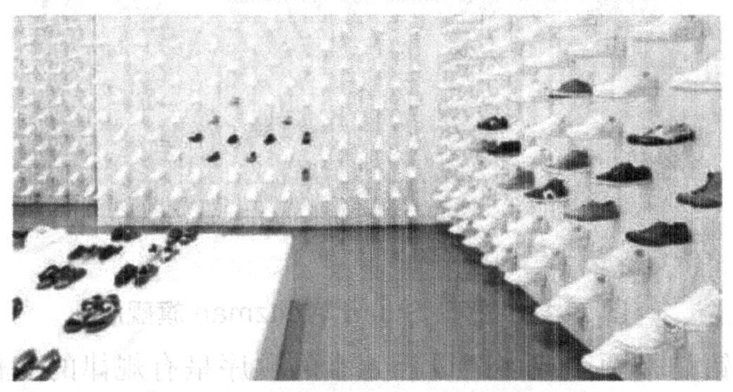

图 2–11　纽约 Camper 鞋店设计

渐变是规律有序的变化。相比简单的重复，渐变更具有活力。室内设计中的空间、形状、颜色都可以形成渐变（图 2-12）。

图 2-12　Google 办公室设计

过渡是重复的一种，是使节奏更加微妙的一种表现形式，它引导人们的目光缓慢地从一处转移到另一处。

曲线最能产生过渡作用，设计一条具有韵律感的曲线能使视觉跨过空间的设计要素，脱颖而出（图 2-13）。

图 2-13　罗马 Stuart Weitzman 旗舰店

交错是指两个或多个设计元素的顺序呈有规律的变化，视觉上形成很有节奏感的韵律。在室内设计中，任何设计元素都可以形成交错，比如不同形状的交错，不同材质的交错或是不同颜色的交错，交错产生的节奏与韵律使空间变得生动灵活（图 2-14）。

图 2-14　莲竹茶室

对比是有意识地使形状或者颜色形成强烈反差，是很突然的变化，却形成富含情趣、反复出现的韵律。比如把红色放在绿色边上、朴素的背景衬托华丽的物件、新旧物体的搭配等，都可形成独特韵律。对比是一种令人振奋且富有挑战性的设计理念，但是设计师在运用对比手法时应该掌握一定的度，才不至于破坏整体的设计感。

7. 比例与尺度

任何造型艺术都必须考虑比例关系是否协调的问题，只有比例和谐的造型才能够引发人们的美感。"比例"一般包含两个方面的概念：一是设计内容整体或它的某个细部本身的长、宽、高之间的大小关系。所谓推敲比例，就是通过反复比较进而寻求这三者之间最理想的关系。二是建筑物整体与局部或局部与局部之间的大小关系。人们从事的创造活动，都在寻求比例关系的和谐。其中，希腊的毕达哥拉斯学派就认为数是万物的本源，事物的性质是由某种数量关系决定的，万物按照一定的数量比例而构成和谐的秩序。他们企图在自然界复杂的现象中找出数的原则和规律,并进一步地用这个原则来观察宇宙万物,探索美学中存在的各种现象。由此他们提出了"美是和谐"的观点,并首先从数学和声学的观点出发去研究音乐节奏的和谐,认为音乐节奏的和谐是由高低、长短、强弱各种不同音调按照一定数量上的比例组成的。"音乐是对立因素的和谐的统一,把杂多导致统一,把不协调导致协调。"毕达哥拉斯学派还把音乐中和谐的道理推广到建筑、雕刻等造型艺术中去,提出了著名的"黄金分割"理论,指出了关于比例形式美的规律。毕达哥拉斯学派的研究理论对建筑艺术有非常大的实际意义,被认为是艺术和建筑理论的理想依据。在进一步的实践中,人们发现和谐的比例关系不仅存在于黄金分割比中,一个环境要素或环境总体的和谐需要局部与整体之间也存在一种内在的秩序与和谐。

与比例相联系的另一个范畴是尺度。它们都能表达物体的尺寸与形状,其区别在于比例有较为严格的数据比率,是相对的,并不涉及具体尺寸。在这里,"尺度"是指建筑整体和某些细部与人或人们所见的某些建筑细部之间的关系。尺度的确定较为主观,依靠设计者的审美和艺术修养进行直观地把握。尺度的合适与否对使用者有很大影响。尺度的选择不仅关系到使用功能,而且关系到人们在使用过程中的生理和心理感受。尺度的另一个方面,体现在人们对日常生活中的物品大小、尺寸的经验和记忆,从而形成一种正常的尺度观念。如果物体改变了本身原有的尺度,则会影响人们的辨识。在辨识过程中,人们利用一些熟悉的物体与整体或局部做比较,将有助于获得正确的尺度感。对于某些特殊的情况,比如在纪念性的空间创作中,设计者可以有意识地通过一些处理表达自己的设计意图,通过夸张的尺度取得一些特殊的效果;相反,有些时候则需要通过缩小尺度来给人一种亲切的尺度感。这些情况虽然感觉与真实之间不完全吻合,但作为营造艺术效果的手段还是可以的。

不同比例和尺度的空间给人以不同的感受。首先,大小适度的空间可以营造出亲切、宁静的气氛，而一些体量大大超出功能使用要求的室内空间往往能营造出一种宏伟、博大或神秘的气氛。因此，设计师对室内空间进行划分时，对空间的处理必须考虑到人的心理感受。尤其是室内空间的高度，对人的精神影响更大。如果尺寸选择不当，过低会使人感到压抑，过高又会使人感到不亲切。其次，不同的空间形状也会使人产生不同的感受。这就要求设计师在空间比例处理方面也应该注意。例如，窄而高的空间会使人产生向上的感觉，西方高耸的教堂就是利用它来形成宗教的神秘感；而低而宽的空间会使人产生侧向延伸的感觉，可以用来营造开阔、博大的气氛。

尺度和比例是两个非常相近的概念，它们都用于表示物体的尺寸和形状。比例是一个物体与另一个物体之间的比率，比如2∶1。而尺度涉及具体的尺寸大小，如3米比5米。一般尺度的大小与人体大小有相对的关系，因此设计相关的尺寸应该符合人体的基本尺度。尺度是需要感知的，如图2-15所示，相同大小的圆形被其他图形包围后它的尺寸会有视觉变化。如果我们在大房间里摆放一套体量很小的沙发，那么沙发会显得更小，而如果我们在一间很小的房间里摆放一套体量很大的沙发，则房间也会显得更小，这就是尺度的问题。同样，墙面的挂画、镜子及桌上的台灯等陈设品也应该与所处的环境和周围的物品在尺度上协调。一般灯罩的宽度最好不要超过桌子的宽度，但也不能太小。总之，空间的每一件物品它们之间的尺度都应该是协调的。

形式美的规律以及与形式没有关联的若干基本范畴——主从、均衡、韵律、比例、尺度，可以作为我们在室内设计过程中的一些原则和依据，但不能代替我们的创作。正如语言文学中的文法，它可以使话语表达通顺而不犯错误，但不能认为只要语言通顺就自然地具有了艺术表现力。在具有形式美的基础上，我们还需要通过艺术形象来唤起人们思想上的共鸣，所谓“触物生情”“寓情于景”就是这个意思。

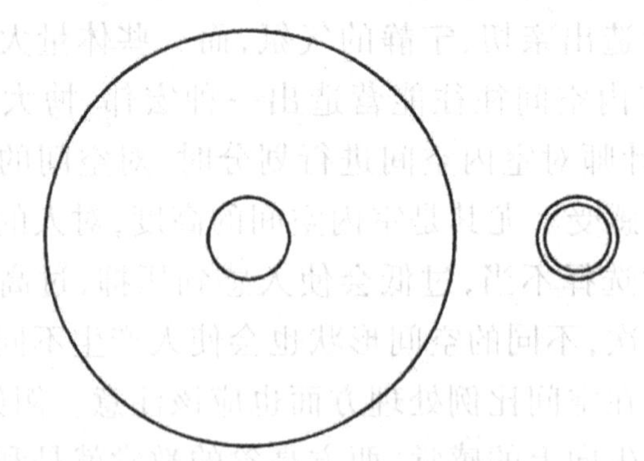

图 2-15　相同大小的圆形被其他图形包围后
它的尺寸会有视觉变化

## 三、室内设计的环境心理学

环境即“周围的境况”，相对于人而言，环境可以说是围绕着人们，并对人们的行为产生一定影响的外界事物。环境本身具有一定的秩序、模式和结构，可以认为环境是一系列有关的多种元素和人的关系的综合。人们既可以使外界事物产生变化，而这些变化了的事物，又反过来对行为主体的人产生影响。例如，人们设计创造了简洁、明亮、高雅、有序的办公室内环境，相应地，环境也能使在这一氛围中工作的人们有良好的心理感受，能诱导人们更为文明、更为有效地进行工作。心理学则是“研究认识、情感、意志等心理过程和能力、性格等心理特征”的学科。

### （一）环境心理学的含义

环境心理学是研究环境与人的行为之间相互关系的学科，它着重从心理学和行为学角度，探讨人与环境的最优化，即什么环境是最符合人们心愿的。

环境心理学是一门新兴的综合性学科，环境心理学与多门学科，如医学、心理学、环境保护学、社会学、人体工程学、人类学、生态学以及城市规划学、建筑学、室内环境学等学科关系密切。

环境心理学非常重视生活于人工环境中人们的心理倾向，将选择环境与创建环境相结合，着重研究下列问题。

（1）环境和行为的关系。

（2）怎样进行环境的认知。

（3）环境和空间的利用。

（4）怎样感知和评价环境。

（5）在已有环境中人的行为和感觉。

对室内设计来说，上述各项问题的基本点是组织空间，设计好界面、色彩和光照，处理好室内环境，使之符合人们的心愿。

### （二）室内环境中人的心理与行为

人在室内环境中，其心理与行为尽管有个体差异，但从总体上分析仍然具有共性，仍然具有以相同或类似的方式做出反应的特点，这也正是我们进行设计的基础。

室内环境中人们的心理与行为主要有以下几个方面。

#### 1. 领域性与人际距离

领域性原是动物在环境中取得食物、繁衍生息等行为的一种适应生存环境的方式。人与动物毕竟在语言表达、理性思考、意志决策与社会性等方面有本质的区别，但人在室内环境中的生活、生产活动，也总是力求其活动不被外界干扰或妨碍。不同的活动有其必需的生理和心理范围与领域，人们不希望轻易地被外来的人与物所打扰。

室内环境中个人空间的设计常需与人交流、接触时所需的距离结合起来考虑。人际接触根据不同的接触对象和不同的场合，实际在距离上各有差异。赫尔以动物环境和行为的研究经验为基础，提出了人际距离的概念，根据人际关系的密切程度、行为特征确定人际距离，分为密切距离、人体距离、社会距离、公众距离。

每类距离根据不同的行为性质可再分为接近相与远方相。例如，在密切距离中，亲密、对对方有可嗅觉和辐射热感觉为接近相；可与对方接触握手为远方相。当然由于不同民族、宗教信仰、性别、职业和文化程度等因素，人际距离也会有所不同。

2. 私密性与尽端趋向

如果说领域性主要在于空间范围，那么私密性更涉及在相应空间范围内，包括视线、声音等方面在内的隔绝要求，私密性在居住类室内空间中要求更为突出。

日常生活中人们还会非常明显地观察到，集体宿舍里先进入宿舍的人，如果允许自己挑选床位，他们总愿意挑选在房间尽端的床铺，可能是由于这样在生活、就寝时相对受干扰较少。同样情况也见之于就餐人对餐厅中餐桌座位的挑选，相对地，人们最不愿意选择近门处及人流频繁通过处的座位，餐厅中靠墙座位的设置，由于在室内空间中形成更多的“尽端”，也就更符合散客就餐时“尽端趋向”的心理要求。

3. 依托的安全感

生活活动在室内空间的人们，从心理感受来说，并不是越开阔、越宽广越好，人们通常在大型室内空间中更愿意有可“依托”的物体。

在火车站和地铁车站的候车厅或站台上，人们并不较多地停留在最容易上车的地方，而是愿意待在柱子边，人群相对更多地汇集在厅内、站台上的柱子附近，适当地与人流通道保持距离。在柱边人们感到有“依托”，更具安全感。

4. 从众与趋光心理

从一些公共场所内发生的非常事故中可观察到，紧急情况时人们往往会盲目跟从人群中领头几个急速跑动的人，而不管其去向是不是安全疏散口。当有火警或烟雾开始弥漫时，人们无心注视标志及文字的内容，甚至对此缺乏信赖，往往是凭直觉跟着领头的几个人跑动，以致形成整个人群的流向，上述情况即属从众心理。同时，人们在室内空间中流动时，具有从暗处往较明亮处流动的趋向，紧急情况时语言引导会优于文字引导。

上述心理和行为现象提示设计者在创造公共场所室内环境

时，首先应注意空间与照明等的导向，标志与文字的引导固然也很重要，但从紧急情况时人们的心理与行为来看，对空间、照明、音响等需予以高度重视。

5. 空间形状的心理感受

由各个界面围合而成的室内空间，其形状特征常会使活动于其中的人们产生不同的心理感受。著名建筑师贝聿铭先生曾对他的作品——具有三角形斜向空间的华盛顿艺术馆新馆有很好的论述，他认为三角形、多灭点的斜向空间常给人以动态和富有变化的心理感受。

（三）环境心理学在室内设计中的应用

环境心理学的原理在室内设计中的应用面极广，主要有以下三个方面。

1. 室内环境设计应符合人们的行为模式和心理特征

例如，现代大型商场的室内设计，使顾客的购物行为已从单一的购物发展为购物—游览—休闲—获取信息—接受服务等行为。购物要求尽可能接近商品，亲手挑选和比较，由此自选及开架布局，结合茶座、游乐、托儿等服务的商场应运而生。

2. 认知环境和心理行为模式对组织室内空间的提示

从环境中接受初始刺激的是感觉器官，评价环境或做出相应行为反应判断的是大脑。因此，“可以说对环境的认知是由感觉器官和大脑一起进行工作的”。认知环境结合上述心理行为模式的种种表现，使设计者能够打破以往单纯以使用功能、人体尺度等作为起始设计依据的局面，而有了组织空间、确定尺度范围和形状、选择光照和色调等更为精确的依据。

3. 室内环境设计应考虑使用者的个性与环境的相互关系

环境心理学从总体上既肯定人们对外界环境有相同或类似的反应，也十分重视作为使用者的人的个性对环境设计提出的要求,充分理解使用者的行为、个性,并在塑造环境时予以充分尊重,但也可以适当利用环境对人行为的“引导”、对个性的影响,甚至一定程度上的“制约”,这需在设计中辩证地掌握合理的分寸。

## 第三节 室内设计的其他原则

### 一、整体原则

室内设计的整体性原则体现在设计决定与设计语言两个方面。首先,在对一个空间进行改造或是设计时,室内设计师不是单独工作,他可能要与建筑师、设备工程师、电气工程师、灯光音响音频师、陈设设计师等不同专业人员协作才能做出最后的设计决定。成功的室内设计作品都有赖于与各种专业人员的交流与合作。其次,室内设计师还需要合理地运用材料、色彩、照明、家具与陈设、人的心理感受等各种设计语言,创造出实用与美观相融合的空间,这也是设计整体性的表现。

### 二、功能原则

室内设计的实用性原则主要体现在功能实用上,一个空间的使用功能是否能满足使用者的生活方式、工作方式是非常重要的,装饰得再漂亮如果不适合使用者的话,也不算成功。所以,好的室内设计应该是适合使用者的实用空间。

### 三、价值原则

任何一个室内设计项目能否顺利实现,经济因素占决定性。经济性原则体现在设计初期限制施工成本上,如材料的选择与加工、施工过程的管理等。同时,经济性的考虑也和生态环境有关,设计师不能因为控制成本而选用一些可能危害人们身体健康的材料，或是选用一些稀有的、会对环境产生破坏的资源，比如珍贵的木材有漂亮的纹理，有与众不同的装饰效果，但设计师过度使用的话会加速破坏森林的原生态环境。所以，设计师要尽可能使用生态可持续发展的材料来创造高品质的室内空间。

## 四、生态性原则

生态设计，就是要以人为本，创造出一个既接近自然又符合健康要求并且舒适的人类生活与工作的空间。利用科学技术，将艺术、人文、自然进行适当整合，创造出具有较高文化内涵、合乎人性的生活空间。室内生态设计有别于以往形形色色的各种设计思潮，这主要体现在以下三点。

### （一）提倡适度消费

尽管室内生态设计把“创造舒适优美的人居环境”作为目标，但与以往不同的是，室内生态设计倡导适度消费思想，倡导节约型的生活方式，不赞成室内装饰中的豪华和奢侈铺张。把生产和消费维持在资源和环境的承受能力范围之内，保证发展的持续性，这体现了一种崭新的生态文化观和价值观。

### （二）注重生态美学

生态美学是美学的一个新发展，在传统审美内容中增加了生态因素。生态美学是一种和谐有机的美。在室内环境创造中，它强调自然生态美，欣赏质朴、简洁而非刻意雕琢。它同时强调人类在遵循生态规律和美的法则前提下，运用科技手段加工改造自然，创造人工生态美，欣赏的是人工创造出的室内绿色景观与自然的融合，它所带给人们的不是一时的视觉震惊而是持久的精神愉悦。因此，生态美也是一种更高层次的美。

（三）倡导节约和循环利用

室内生态设计强调在室内环境的建造、使用和更新过程中，对常规能源与不可再生资源节约和回收利用，对可再生资源也要尽量低消耗使用。在室内生态设计中实行资源的循环利用，这是现代建筑能得以持续发展的基本手段，也是室内生态设计的基本特征。

生态、环境和可持续发展是21世纪面临的最迫切的课题，生态建筑已成为当前建筑学研究的热点，生态设计在未来的室内设计中也会越来越重要。室内设计新的发展趋势主要集中在通过高质量的设备、材料、构造和构件之间的全面协调，装修形式与新技术、新材料之间的平衡，以及人工环境和自然环境之间的协调，尽可能地减少原生能源和灰色能源的使用，尽可能多地利用可再生资源让人们更加接近自然。

保护环境、关注生态是每一个室内设计师责无旁贷的责任。

# 第三章　室内设计的空间与界面组织

室内空间的分割是在建筑空间限定的内部区域进行的，它要在有限的空间中寻求自由与变化，在被动中求主动。它是对建筑空间的再创造。对于室内设计师来说，不管是对建筑内部空间的深化设计还是对旧建筑空间的改造设计，都离不开空间的分割与界面组织等这些基本手段。本章将对室内设计的空间与界面组织展开论述。

## 第一节　室内空间概述与宏观要求

### 一、室内空间概述

#### （一）室内空间设计的释义

室内空间承载着人们起居、饮食、休息、家庭娱乐与活动等日常生活功能，与人们密切相关。因此，室内空间设计看似寻常，但又因为针对不同类型的家庭，以及各个家庭在不同时期的不同需求，有着千变万化的空间布局与装饰风格。

目前的室内空间设计，是在当前建筑设计的基础上，根据每个家庭的具体诉求，对原始的毛坯房或二手房，进行详细而深入的二次设计，进一步完善与日常生活有关的功能空间，根据每个家庭的文化品位、性格特征与喜好，做出符合其需要的设计，赋予居住者愉悦的，便于生活、工作、学习的理想居住环境。

室内空间设计所包含的内容如图 3-1 所示。

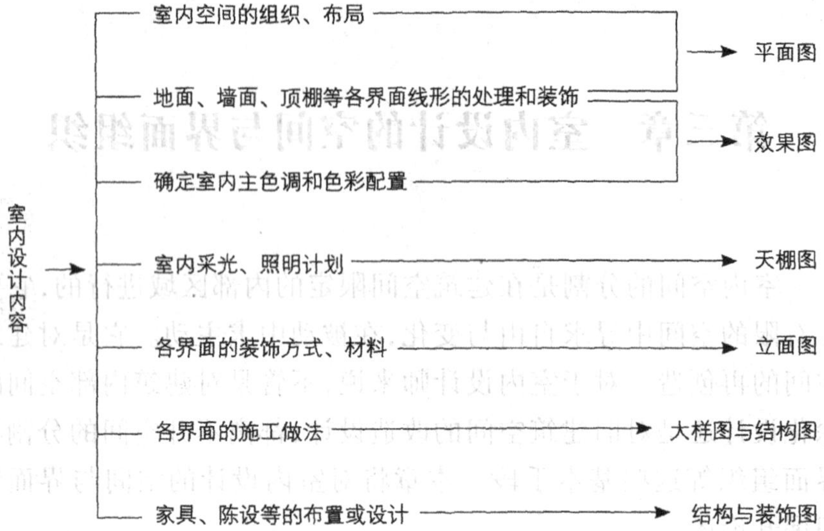

室内设计内容 →
- 室内空间的组织、布局
- 地面、墙面、顶棚等各界面线形的处理和装饰
- 确定室内主色调和色彩配置
- 室内采光、照明计划 → 天棚图
- 各界面的装饰方式、材料 → 立面图
- 各界面的施工做法 → 大样图与结构图
- 家具、陈设等的布置或设计 → 结构与装饰图

（室内空间的组织、布局；地面、墙面、顶棚等各界面线形的处理和装饰 → 平面图）

（地面、墙面、顶棚等各界面线形的处理和装饰；确定室内主色调和色彩配置 → 效果图）

**图 3-1　室内空间设计所包含的内容**

（二）室内空间设计的基本流程

1. 现场勘探与测量

设计的第一步，必须到现场测量，对空间有充分的了解和掌握，测量准确的平面、立面尺寸数据。明确整个空间的结构受力情况、原有的排水系统、电力系统、燃气系统以及详细的通风采光情况，整理成图纸，作为后期设计的基础（图 3-2）。

2. 与业主沟通、规划平面布局

了解业主相关资料，如家庭人口、年龄、性别，每间房屋的使用要求、个人爱好、生活习惯等；准备添置设备的品牌、型号、规格和颜色等；插座、开关、电视机、音响、电话等日后摆放的位置等；想要留用原有家具的尺寸、材料、款式、颜色等；家庭主妇的身高、她所喜好的颜色等；屋主特别喜欢的造型、布置、颜色、格调等；将来准备选择的家具样式、大小；业主的预计投资；业主有没有需特殊处理的地方等。

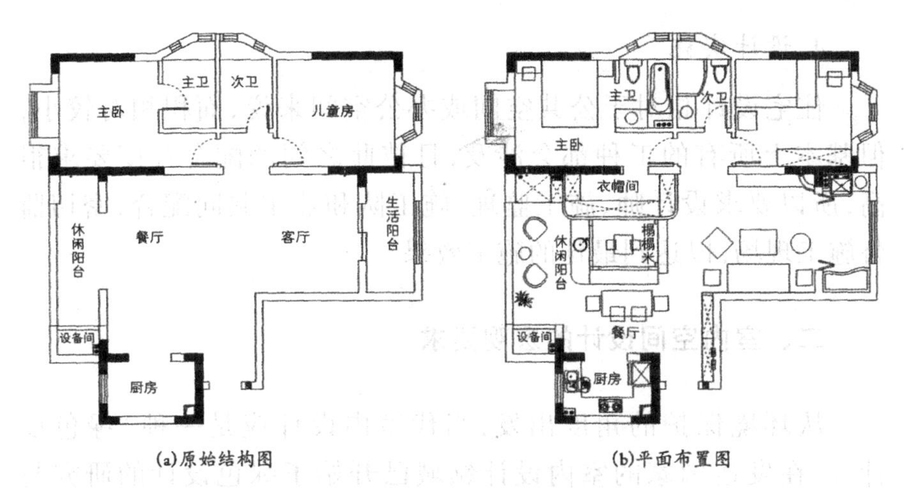


图 3-2　平面图

3. 施工图设计

方案全部确定后，可以将平面图深化，根据确定的空间布局和详细效果，将方案细化成完整的施工图纸。施工图纸包括平面图、地面铺装图、天花吊顶图、各个空间的立面图及剖面图、水路图、电路图、空调图等。然后对即将施工的各个工种进行全面控制与指导。编制施工说明和详细的造价预算(图 3-3)。

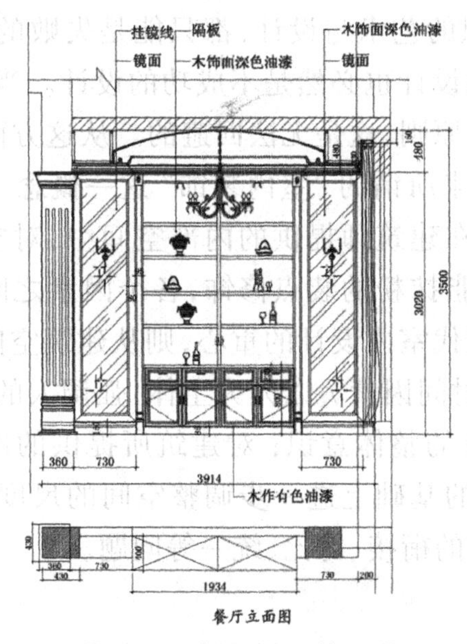


图 3-3　餐厅立面施工图

4. 设计实施

住宅设计相对于公共空间或办公空间来说，面积相对较小，但基本上所有的工种都会涉及，且彼此之间的配合程度要求很高，所以要求设计师、施工监理、施工队和业主共同配合，密切监督施工现场，以达到最佳的施工效果。

## 二、室内空间设计的宏观要求

从环境保护的角度出发，当代室内设计应是一种“绿色设计”。在发达国家的室内设计领域已开始了绿色设计的研究与实践，这里包含着两个层面：一是现在所用的大部分室内装修材料，都在不同程度地散发着污染环境的有害物质，必须采用新技术使其达到洁净的绿色要求；二是对室内空间进行合理设计，创造节能生态环境。

展望未来，我们更加清醒地认识到，环境意识将成为室内设计的主导意识。从发展的眼光看，未来的室内设计必须是配合其他门类的环境艺术设计整体系统。从这一概念出发，任何一项没有环境整体意识的艺术与设计，都只能是失败的设计。同样，那种缺乏人性化的设计也必然是不成功的设计。当然，室内空间设计也应遵循这一原则，这是无法回避的。从这方面来理解，“室内设计”不同于原来所谓的“室内装饰”这一概念。“室内装饰”的目的在于美化，在建筑师提供的内部空间中，对空间围护面进行绘画、雕塑和涂脂抹粉的装点修饰，各个因素之间缺乏有机地联系和协调。而现代室内设计的重心，则从建筑空间转向时空环境（三度空间加上时间因素），以人为主体，强调人的参与和体验，强调室内空间设计的整体意识；对建筑所提供的内部空间进行处理，在建筑设计的基础上进一步调整空间的尺度和比例，解决好空间与空间之间的衔接、对比、统一等问题。

## 第二节　室内空间的功能布局

### 一、功能的分析

在与客户的最初接触过程中，设计师会问大量的问题，以便决定室内的功能、客户的设计倾向以及空间需求。但为住宅客户服务的设计师应该首先完成一份居住者的个人调研，并分析关于客户生活习惯的问题。而非住宅的项目则应组织与公司管理者和某些员工的谈话。因为设计师只有理解客户错综复杂的问题，才能为空间需求做出仔细的规划。所以，国际设计协会对设计师的职业表述是：为满足业主需求而解决问题的人。

空间计划是直接建立室内生活价值的基础工作，它主要包括区域划分和交通流线两个内容。

区域划分是指室内空间的组成，它以人们的活动需要为划分依据，如群体生活区域、私密生活区域、特定活动区域。其中群体生活区域具有开敞、弹性、动态以及与户外连结伸展的特征；私密生活区域具有宁静、安全、领域、稳定的特征；特定活动区域则具有安全、私密、流畅、稳定的特征。显然，区域计划是将人们活动需要空间与功能使用特征有机地结合，以求取合理的空间划分与组织。

交通流线是指室内各活动区域以及沟通室外环境之间的联系，它能使使用者的活动得以自由流畅地进行。交通流线包括有形和无形两种。如居住空间中，有形的指门厅、走廊、楼梯、户外的道路等；无形的指其他可能供作交通联系的空间。计划时应尽量减少有形的交通区域，增加无形的交通区域，以达到空间充分利用且自由、灵活和缩短距离的效果。区域划分与交通流线是居室空间整体组合的要素，唯有两者相互协调作用，才能取得理想的计划效果。

## 二、布局的三种趋势

由于生活水平的不断提高，设计理念的不断深化，住宅的组成也在不断变化，从当前看，主要有三种趋势。

### （一）分区更加明确

第一种趋势是空间不断丰富，分区更加明确。当今的住宅在解决生理分室的基础上，还进一步解决了功能分室的问题。但功能分室的方法还在细化，即不同空间的功能越来越明确。

首先，是设计独立的客厅和家庭厅。目前的客厅大都兼有家庭成员自用和接待客人的功能，但这两种功能有时是有冲突的，如临时来客，就有可能中断家庭成员的团聚与活动。因此，在面积较大的住宅中，便同时设有专门用于会客的客厅和专供家庭成员团聚、娱乐的家庭厅（或称起居厅）。在别墅中，家庭厅常被设在第二层，这时原本设在底层的客厅便成了名实相符的客厅。

其次，是设计独立的餐厅。目前，多数住宅中的客厅和餐厅是同处一个空间之内的，只不过是各占一角而已。这种做法似乎已解决了功能分区的问题，但在某些时候难免出现客人来访和家庭成员进餐的矛盾。因此，在别墅和面积较大的公寓式住宅中，可设独立的餐厅，即改变二厅合一的状况。

再次，是设计独立的工作室。这里所说的工作室是一个广泛的概念，包括常见的书房，也包括为从事特殊职业的人设计的工作场所，如画室、雕塑室和琴房等。

最后，是增加功能明确的玄关、贮藏间、洗衣房。在别墅和面积较大的公寓式住宅中，还可能根据业主的要求设计棋牌室、视听室、品茶室、日光室和健身室等。

### （二）设计多功能空间

如餐厅兼做棋牌室，书房兼做会客厅和客房等。书房兼做会客厅和客房时，可以采用多用沙发，以便在有客留宿时，作为客人的床铺。多功能空间多见于面积较小的住宅，但这绝不表明它是一种不得已而为之的做法，恰恰相反，它所体现的是一种积极主动的、很有价值的思路。

### （三）设计可变动空间

家庭的人口结构是可变的，年龄的增加，人数的增减都会对空间的需求提出新要求。因此，设计者应有一种空间动态观，使住宅的空间组织适应人口结构和成员年龄变化的需要。以子女的情况为例，初生不久的婴儿，需由父母照顾，可以睡在父母的房间；稍大后，可以睡在与父母房间相邻的“凹室”内；7 岁后，则要分室，即睡在自己独用的房间内。为了适应这种变化，可用一些轻薄的隔断分隔住宅的内部空间，以保证在必要时不触及结构，即可改变空间组合的形态。

有些家庭是多代同堂的家庭，一般情况下，这种家庭中的老人与儿孙们都有共同生活的要求，但也都有相对独立的愿望。为了适应这种情况，不妨采用一种“分而不离”的模式。具体做法有三种：一是两部分人合用客厅，而各有独用的餐厅、厨房、卧室和卫生间；二是合用客厅、餐厅和厨房，而各有独用的卧室和卫生间；三是各有一套住房，两套住房相邻，仅在公用的墙上设门，视需要开闭，保证在各自独立的情况下具有方便的联系。

## 三、平面功能分区的考虑因素

### （一）采光景观需求

室内要尽量加大采光量，但用人工采光源补光代替不了自然光，自然光在所有可见光中是光线最柔和、显色度最高的一种。例如，在住宅空间中充分利用自然采光，利用良好的光线可以规划出更为合理的功能区域，也可以借助室外景观与室内设计产生良好的呼应关系。因此,采光景观运用的合理,既起到了节能降耗的功能,又能为舒适自然的生活环境提供保障(图 3-4)。

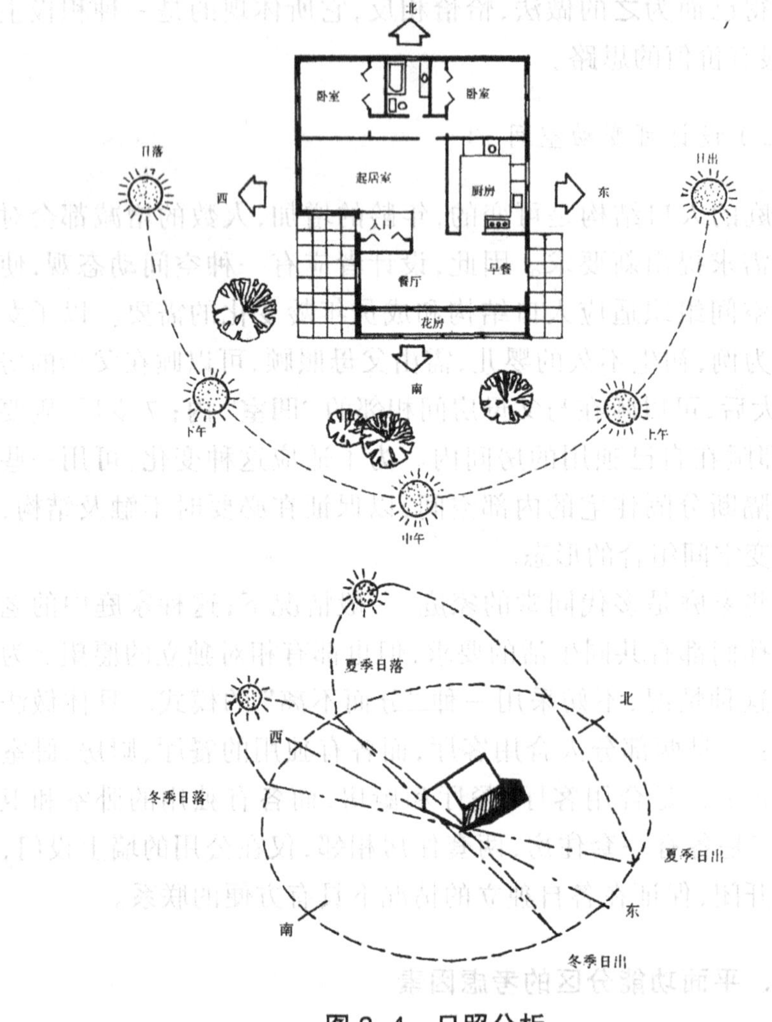


图 3-4 日照分析

（二）空间的动静

空间的动静关系,主要强调区域间的开敞与私密。规划私密区时,最重要的是保证这些区域的私密性(图 3-5、图 3-6)。常用的方法是将私密区集中规划在住宅的最里侧,靠入口侧集中布置公共区。将私密区规划在单独的楼层也是一个不错的方法，如起居室、厨房和餐厅安排在一楼，作为互动沟通的开敞空间；二楼以主卧为主，自然就能保证私密性。

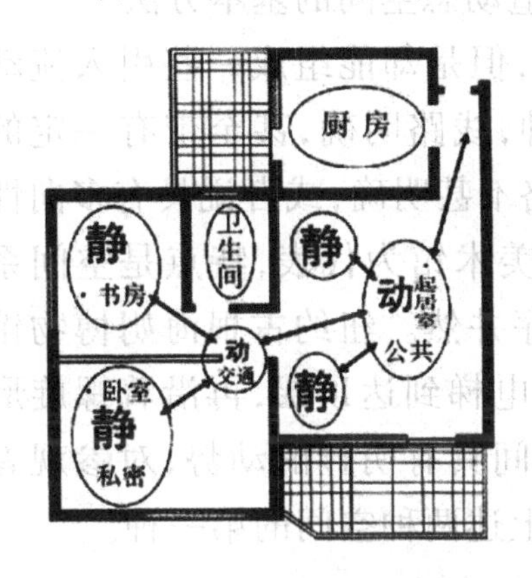


图 3-5 活动功能分析

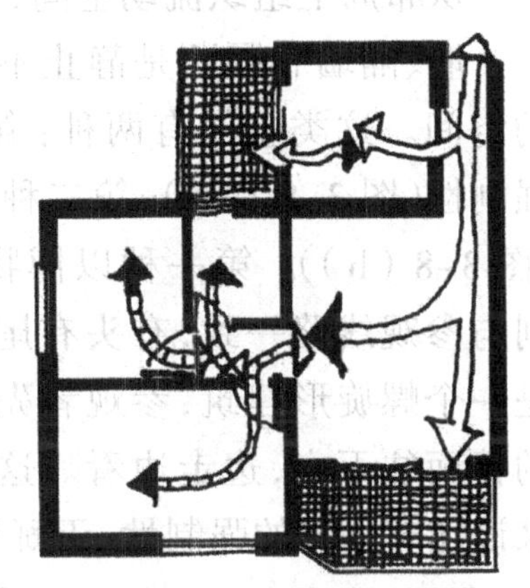

图 3-6 交通功能分析

（三）空间的比例

空间的比例即三个向度的关系。不同比例会给人不同的感觉，因此如无特殊需要，应尽量调整，使之为人们所习惯。一般的厅、堂、室，如为矩形平面，其长宽比最好不大于 2∶1，否则即便还能“使用”，人们也会觉得是个“大走廊”。同样的道理，空间的高度最好不超过平面长边的 2 倍，否则人们就会有“坐井观天”的感觉。锐角过多的平面，往往给人以紧张感，角度越小令人越不舒服，因此可设法“削”掉一些锐角，把“削”掉的部分改为辅助空间或弃之不用，以便取得更好的空间效果（图 3-7）。

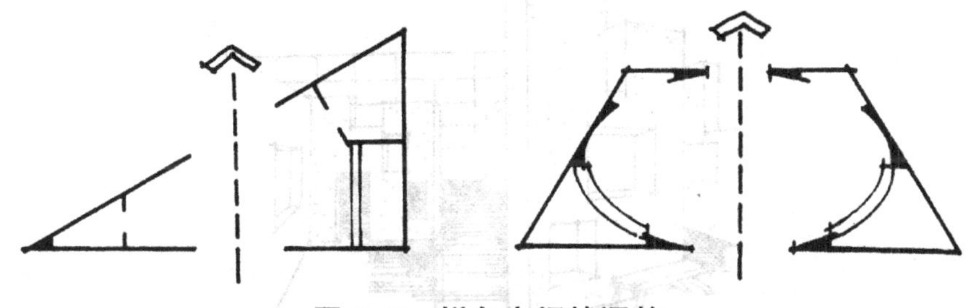

图 3-7 锐角空间的调整

（四）流动空间的组织

从布局上组织流动空间，是创造动态空间的基本方法。

墙、隔墙和隔断是静止不动的，但是却能组成一些引入流动的空间。这类空间有两种：第一种，线路明确，甚至带有一定的强制性（图 3-8（a））；第二种，线路不甚明确，或者说具有多向性（图 3-8（b））。第一种以博物馆、美术馆为代表，特点是空间系列与参观线路一致，有头有尾，秩序井然。纽约古根海姆博物馆是一个螺旋形建筑，参观者先要乘电梯到达顶层，再沿着螺旋形的楼面往下走，边走边看。这种空间具有明显的动势，对参观者来说还有一定的强制性，无疑属于上述两种空间的第一种。

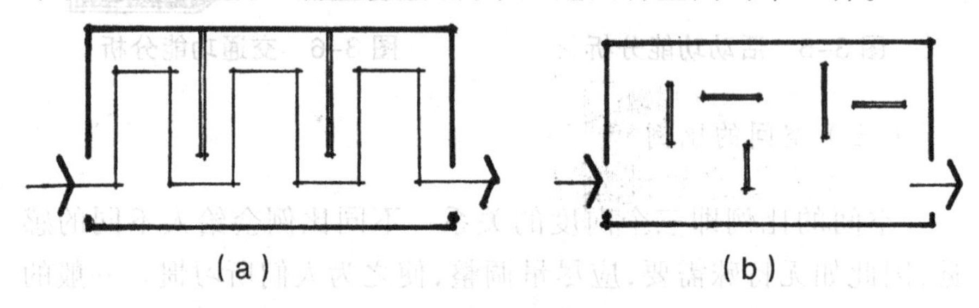


图 3-8　流动性空间示例

图 3-9 所示的空间则与此不同，在这里，用来分隔空间的都是一些不相交、不到顶并带有诸多洞口的矮墙，身处其中的人们可以自由地穿梭于矮墙之间，不必为所谓的“线路”所制约，这种空间就属上述两种空间的第二种。

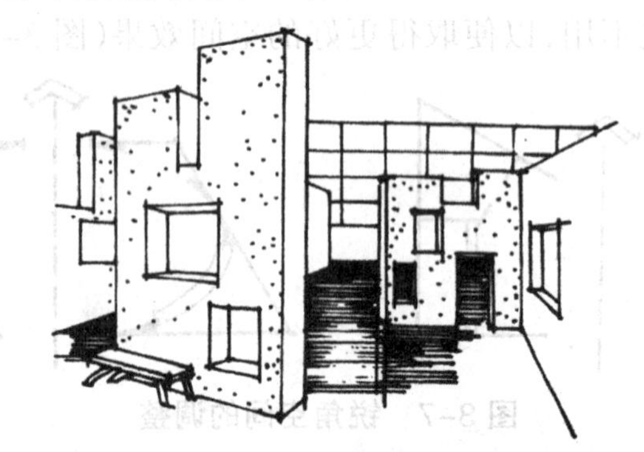

图 3-9　由于布局而形成的流动空间

精心组织的流动空间,不仅能够控制人流的线路,还能控制人流的快慢与去留。人们都有这样的经验:河道狭窄时,水流湍急;河道宽阔时,水流缓慢。根据这一经验,设计者便可有效地组织有收有放的空间,让人们在狭长的部分(如走廊)加快脚步,在突然扩大的部分(如过厅)作或长或短的停留。

(五)其他因素

1. 通风

为保证空气流通,设计中要尽量保证通路畅达,少做不必要的隔断。必须做的隔断,设计时要考虑通风的因素。

2. 隔音

设计上应保证活动区和休息区互不影响。如做割断应加隔音棉,有条件的话客厅尽量远离卧室和书房。

3. 环保

设计上的环保除了用材的环保外,还应考虑噪音污染和视觉污染;噪声污染在设计时应考虑客厅使用吸音材料,如墙面做纹路处理等。防止视觉污染的方法,包括用色不要对比过大等。

4. 绿化

设计中要尽量创造生活在大自然中的感觉,并为客房的后期绿化创造条件。

## 第三节 室内空间的分割组织

室内各组成部分之间的关系主要是通过分割的方式来体现的。室内空间要采取什么样的分割方式,既要根据空间的特点和功能使用要求,又要考虑到空间的艺术特点和人的心理需求。以下是按不同元素的特点进行分割。

## 一、各种隔断的分割

室内空间常以木、砖、轻钢龙骨、石膏板、铝合金、玻璃等材料进行分割。形式有各种造型的隔断、推拉门和折叠门以及各式屏风等。例如，图 3–10 所示的新中式风格设计中，利用“屏风”来分割客厅与餐厅。

图 3–10 空间的分割

一般来说，隔断具有以下特点。

（1）隔断因其具有较好的灵活性，可以随意开启，在展示空间中的隔断还可以全部移走，因此十分适合当下工业化的生产与组装。

（2）隔断有着丰富的形态与风格。这需要设计师对空间的整体把握，使隔断与室内风格相协调。例如，新中式风格的室内设计就可以利用带有中式元素的屏风分割室内不同的功能区域。

（3）隔断有着极为灵活的特点。设计师可以按需要设计隔断的开放程度，使空间既可以相对封闭，又可以相对通透。隔断的材料与构造决定了空间的封闭与开敞。

（4）在对空间进行分割时，对于需要安静和私密性较高的空间可以使用隔墙来分割。

（5）住宅的入口常以隔断（玄关）的形式将入口与起居室有效地分开，使室内的人不会受到打扰。它起到遮挡视线、过渡的作用。

## 二、室内构件的分割

室内构件包括建筑构件与装饰构件。例如，建筑中的列柱、楼梯、扶手属于建筑构件；屏风、博古架、展架、柜属于装饰构件。构件分割既可以用于垂直的立面上，又可以用于水平的平面上。

构件的形式与特点有如下几个方面。

（1）对于钢结构和木结构为主的旋转楼梯、开放式楼梯，本身既有实用功能，同时对空间的组织和分割也起到了特殊作用。

（2）环形围廊和出挑的平台可以按照室内尺度与风格进行设计（包括形状、大小等），它不但能让空间布局、比例、功能更加合理，而且围廊与挑台所形成的层次感与光影效果，也为空间的视觉效果带来意想不到的审美感受。

（3）对于室内过分高大的空间，可以利用吊顶、下垂式灯具进行有效地处理，这样既避免了空间的过分空旷，又让空间惬意、舒适。

（4）各种造型的构架、花架、多宝格等装饰构件都可以用来按需要分割空间。

（5）对于水平空间过大、超出结构允许的空间，就需要一定数量的列柱。这样不仅满足了空间的需要，还丰富了空间的变化，排柱或柱廊还增加了室内的序列感。相反，宽度小的空间若有列柱，则需要进行弱化。在设计时可以与家具、装饰物巧妙地组合，或借用列柱做成展示序列。例如，图 3-11 所示的室内餐厅空间划分，图中木质可通透的装饰对室内通道右侧的空间遮挡起到了重要的作用，并使右侧空间给人设下悬念。加上图左边以柜做墙面，从而使得餐厅空间更加明显。

图 3-11 餐厅分割

## 三、家具与陈设的分割

家具与陈设是室内空间中的重要元素，它们除了具有使用功能与精神功能之外，还可以组织与分割空间。这种分割方法是利用空间中餐桌椅、小柜、沙发、茶几等可以移动的家具，将室内空间划分成几个小型功能区域。例如，商业空间的休息区、住宅的娱乐视听区。这些可以移动的家具的摆放与组织还有效地暗示出人流的走向。此外，室内家电、钢琴、艺术品等大型陈设品也对空间起到调整和分割作用。家具与陈设的分割让空间既有分割，又相互联系。

家具与陈设的分割形式与特点包括如下几个方面。

（1）餐厨家具的摆放要充分考虑人们在备餐、烹调、洗涤时的动线，做到合理的布局与划分，缩短人们在活动中的行走路线。

（2）公共的室内空间与住宅的室内空间都不应将储物柜、衣柜等储藏类家具放置在主要交通流线上，否则会造成行走与存取的不便。

（3）公共办公空间的家具布置要根据空间不同区域的功能进行安排。例如，接待区要远离工作区；来宾的等候区要放在办公空间的入口，以免使工作人员受到声音的干扰。内部办公家具的布局要依据空间的形状进行安排设计，做到动静分开、主次分明。

合理的空间布局会大大提高工作人员的工作效率。

（4）住宅中起居室的主要家具是沙发，它为空间围合出家庭的交流区和视听区。沙发与茶几的摆放也确定了室内的行走路线，如图3-12所示的由家具划分的空间，图中的区域划分很明显，虽然没有硬质墙体的分割，但是不同使用功能家具的陈放，让整个空间的区域功能明确。没有了硬质墙体的分割，整个空间在家具的分割下更通透。

图3-12 会客厅

## 四、绿化植物、水体、小品的分割

室内空间的绿化、水体的设计也可以有效地分隔空间。具体来说，其形式与特点有如下几个方面。

（1）水体不仅能改变小环境的气候，还可以划分不同功能空间。瀑布的设计使垂直界面分成不同区域；水平的水体有效地扩大了空间范围。

（2）植物可以营造清新、自然的新空间。设计师可以利用围合、垂直、水平的绿化组织创造室内空间。垂直绿化可以调整界面尺度与比例关系；水平绿化可以分隔区域、引导流线；围合的植物创造了活泼的空间气氛(图3-13)。

图 3-13　植物分割

（3）空间之中悬挂的艺术品、陶瓷、大型座钟等小品不但可以划分空间，还成为空间的视觉中心。

## 五、地面的分割

利用地面的抬升或下沉划分空间，可以明确界定空间的各种功能分区。除此之外，用图案或色彩划分地面，被称为虚拟空间。其形式与特点有如下几个方面。

（1）区分地面的色彩与材质可以起到很好地划分和导识作用。如图 3-14 所示，瓷砖与木质地面将空间明确地分成厨房与客厅。

图 3-14　瓷砖与木质地面

（2）发光地面可以用在较为明显的区域。

（3）在地面上利用水体、石子等特殊材质可以划分出独特的功能区。

（4）凹凸变化的地面可以用来引导残疾人的顺利通行。

## 六、顶棚的分割

在空间的划分过程中，顶棚的高低设计也影响了室内的感受。设计师应依据空间设计高度变化，或低矮或高深。其形式与特点有如下几个方面。

（1）顶棚照明的有序排列所形成的方向感或形成的中心，会与室内的平面布局或人流走向形成对应关系，这种灯具的布置方法经常被用到会议室或剧场。

（2）局部顶棚的下降可以增强这一区域的独立性和私密性。酒吧的雅座或西餐厅餐桌上经常用到这种设计手法。

（3）独具特色的局部顶棚形态、材料、色彩以及光线的变幻能够创造出新奇的虚拟空间。如图 3-15 所示的顶棚就凸显出这一空间的功能。图中的顶棚结合绿植，让人在阳光房里感到尤为清爽。玻璃的墙体将室外的优美景色尽收眼底，整个室内显得自然、和谐、宁静。

图 3-15 阳光房

（4）为了划分或分隔空间，可以利用顶棚上垂下的幕帘来进行划分。例如，住宅中或餐饮空间常用布帘、纱帘、珠帘等分隔空间。

## 第四节 室内空间的界面组织

建筑物的室内空间是由地面、顶面、墙面围合限定而成的，它们共同确定了室内空间的大小、形状以及室内环境的气氛。各界面的设计依靠材质、色彩、灯光、结构、形态等的综合手法进行设计，可以有效地烘托室内环境气氛。

### 一、地面

地面是人们行走的水平面，是室内空间的基面。它不仅可以支撑家具，而且还是人们重要的室内活动平台。作为物体和人类的承受面，它必须具有很强的耐磨性，并应具有保暖、防潮、防火、防滑等特性。地面作为视觉的主要因素，需要与室内其他元素相协调，且应具有引导性。地面的材料有纯木质和复合木质地板、瓷砖、大理石、塑胶、地毯等多种材料，设计师可根据室内的功能要求进行选择。在对地面进行设计时要注意整体性、装饰性以及材料的选择和功能。由于材料的选择和功能在第八章中详细论述，所以这里仅论述整体性与装饰性。

地面是室内一切内含物的衬托，因此一定要与其他界面和谐统一。设计地面时应统一简洁，不要过于繁琐。设计师对地面的设计不仅要充分考虑它的实用功能，还要考虑室内的装饰性。运用点、线、面的构图，形成各种自由、活泼的装饰图案，可以很好地烘托室内气氛，给人一种轻松的感觉。

例如，欧式风格的家居一般使用米黄色的抛光砖（图 3-16），在客厅和餐厅的地面用深色拼花波导线作为点缀，也可以考虑使用石材，如大理石、微晶石等；一般瓷砖颜色的选择和组合可考虑颜色反差较大的组合，这样地面的线条变得更加丰富，让欧式风格的浪漫典雅与现代时尚更好地结合起来。值得注意的是，不同尺寸、款式和颜色的瓷砖可以通过一定的组合方式进行铺贴，在地面呈现出不同的效果，避免单一色调和统一铺法，在重点区域，如待客区、电视背景墙等地方可以波导线点缀出边缘。此外，欧式风格的客厅铺贴瓷砖时候，一般会在地面周围留 15 厘米左右的围边，这样能烘托出空间的气氛。

**图 3–16 欧式风格地面设计**

再如，简约风格的家居一般以简约而不简单为主旨，家居应该给人简约、明亮、大气的感觉。因此，装修时选择瓷砖应该考虑表面亮度较好的抛光砖（图 3–17）或者木纹砖，最好选择浅色系的，如米黄色、白色等。面积大的空间可以适当选择大面积的瓷砖，搭配小面积的花纹地毯。值得注意的是，铺贴的时候以墙边平行的方式进行铺贴。砖缝对齐且不留缝，同时用与砖的颜色接近的勾缝剂勾缝处理，看起来清爽、整洁。另外，长方形的瓷砖横铺或竖铺，都能使整个空间显得宽敞。

总之，地面在使用功能的设计上首先要满足建筑构造、结构的要求，并充分考虑材料的环保、节能、经济等方面的特点，并且还要满足室内地面的物理需要，如防潮、防水、保温、耐磨等要求。其次还要便于施工。最后就是地面的装饰设计，要以形式美的法则设计出符合大众欣赏口味的舒适空间。

图 3–17　现代简约风格地面设计

## 二、墙面

墙体作为室内空间的侧界面，不仅完成了空间的围合作用，同时也保证了室内空间中人的学习与生活。它应具有保温、隔热、隔音的功能。按照在建筑物中的位置，墙体可分为外墙和内墙，如临街或直接与室外相邻的墙面是外墙；按承受力的性能可分为承重墙和非承重墙，在建筑中承载建筑负荷的墙是承重墙。在室内设计中，墙面不仅完成了其在空间的实用功能，也淋漓尽致地发挥着它的装饰作用。例如，歌厅的墙面设计既要美观，更要解决隔音问题，因此墙面的装饰与功能要依据室内的使用特点。如商场、办公空间的墙体要简洁、大方，这是因为商场的商品才是突出的重点。相反，餐厅和歌舞厅为了吸引人或调动人们的情绪，则需要将墙面设计得丰富多彩。

墙面在设计时需要注意以下几个方面。

### （一）墙面围合程度产生的效果

墙面的形式多样，其中包括有开窗的墙面、有门的墙面等。一般情况下，开窗越大，其围合感越不明显。具有小面积开窗与实体（不透光）门的界面会给空间中的人以安全、私密的心理感受。相反，开敞的、与室外渗透紧密的室内空间则需要大面积的开窗或半透明不透视的墙面、无框的窗户和玻璃门。这样的设计可以最大限度地扩大室内人的视线，创造出心旷神怡的室内空间（图 3-18）。

**图 3-18　玻璃墙面**

（二）隔音功能

对于剧场、舞厅、报告厅等公共空间，要求墙面具有很好的隔音功能，住宅的娱乐视听空间也要求有良好的隔音效果。而这个问题可以借用墙面的构造或装修方式有效地加以控制。柔软与多孔的墙面可以有效地吸收声音。保温与隔热是任何室内空间都必须考虑的重要因素。尤其在今天，能源紧张问题凸显，更需要设计师精心选择墙面材料。纺织制品、软木、矿棉、复合板、苯板都有较好的保温隔热效果，设计师可以依据空间功能与美感选择恰当的节能材料。卫生间、厨房则需要墙面有良好的防潮、防水功能，而瓷砖就是墙面不错的选择。如图 3-19 所示的马赛克材质就具有很好的防潮效果。

（三）墙面的耐久性能

墙面的耐久性能可以直接影响后期的维护工作。而砖石、瓷片、木材等材料耐久性能良好且容易清理。一些涂料虽前期投入不大，但易污染、难打理。

图 3-19　马赛克墙面

## 三、顶棚

顶棚的高低处理直接影响到室内空间的垂直高度，因此顶棚的高低会给人带来不同的心理感受。顶棚为设计师提供了广阔的设计天地，它的造型设计也直接影响到地面的设计。

### （一）吊顶

顶棚的设计通俗来讲就是吊顶，常见的类型主要有以下几种。

#### 1. 平面式吊顶

平面式吊顶（图 3-20）是指表面没有任何造型和层次，这种顶面构造平整、简洁、利落大方。一般是以 PVC 板、石膏板、矿棉吸音板、玻璃纤维板、玻璃、饰面板等为材料，照明灯置于顶部平面之内或吸于顶上。一般只用于门厅、餐厅、卧室等面积较小的区域。这种吊顶方式最为简单，非常适合简约风格、北欧风格的空间使用。

#### 2. 格栅式吊顶

格栅式吊顶（图 3-21）是指先用木材或铝材制成框架，光源隐藏在其内。这也属于平板吊顶的一种，但是造型要比平板吊顶生动和活泼，装饰的效果比较好。一般适用于餐厅、门厅。它的优点是光线柔和、轻松和自然。

图 3-20 平顶式吊顶

图 3-21 格栅式吊顶

3. 跌级吊顶

跌级吊顶(图 3-22)是局部吊顶的一种。方法是用平板吊顶的形式,把顶部的管线遮挡在吊顶内,顶面可嵌入筒灯或日光灯,使装修后的顶面形成两个层次,不会产生压抑感。若跌级吊顶采用的云形波夏浪线或不规则弧线,一般不超过整体顶面面积的三分之一。跌级吊顶是最常见的一种吊顶,可应用于多种风格,一般中式风格会在顶面镶嵌实木线或金属条,欧式风格、法式风格可与雕花石膏线结合。

4. 井格式吊顶

井格式吊顶（图 3–23）是指吊顶表面呈井字形格子的吊顶，之所以表面能呈现这种效果是因为吊顶内部有井字梁。这种吊顶一般都会配以灯饰和装饰线条，打造出比较丰富的造型，从而合理区分出空间。井格式吊顶比较适用于大户型，因为这一个个格子在小户型的小空间内会显得比较拥挤，一般在欧式风格、法式风格中较为常见。

图 3–22　跌级吊顶

图 3–23　井格式吊顶

5. 悬吊式吊顶

悬吊式（图 3–24）是将各种板材、金属、玻璃等悬挂在结构层上的一种吊顶形式，常用于宾馆、音乐厅、展馆、影视厅等吊顶装饰。悬吊式吊顶其饰面层与楼板或屋面板之间有一定的空间距离，通过吊杆连接，吊顶面层与楼板或屋面板之间有一定的空间，其中可以布设各种管道和设备。饰面层可以设计成不同的艺术形式，以产生不同的层次和丰富的空间效果。悬吊式吊顶样式多变、材料丰富，与直接式顶棚相比造价比较高。由于悬吊式吊顶的构造与普通吊顶有所不同，这种天花板富于变化动感，给人耳目一新的美感。

图 3-24 悬吊式吊顶

6. 藻井式吊顶

设计藻井式吊顶，房间高度必须高于 2.85 米，且房间较大。如果房间高度达不到 2.85 米，建议最好不要采用这种吊顶方式进行设计与安装，这会使你的爱居显得低矮压抑。藻井式吊顶的样式是在房间的四周进行局部吊顶，可设计成一层或两层，装修后的效果有增加空间高度的感觉，还可以改变室内的灯光照明效果，如果需要吊顶的空间过于狭小，那么则达不到装修的效果，因此一般需要吊顶的天花板其空间要足够大(图 3-25)。

（二）暴露结构式顶棚

利用材料与结构本身的美感，不加任何装饰的顶棚处理手法称作暴露结构式顶棚。这种结构顶棚可以分为两种：一种是充分暴露结构的形式，它将顶棚的所有内容完全显露出来，如图 3-26

所示的顶棚结构几乎暴露无遗，这种结构形式需要在设计之初充分考虑暴露结构的整体形式美；另一种是将美的结构形式外露，将一些不理想的结构遮挡起来的半透明式的顶棚。这两种形式的顶棚都应考虑其韵律、对比及色彩的规律，运用建筑设计手段来进行顶棚的形态设计。顶棚的高低可以通过色彩以及细部处理来改变空间的高度。高明度的色彩可以使低矮的空间空阔、高远。而高大的空间，如果采用明度较低的色彩可以降低空间视觉上的高度。任何一种独具特色的形态与色彩都应给人带来耳目一新的感觉，让人充分感受到舒适与惬意。

图 3-25　藻井式吊顶

图 3-26　暴露结构式顶棚

# 第四章　不同的室内空间类型设计

随着我国经济的迅猛发展，人们对室内空间设计的要求也越来越高，已不仅仅满足于对使用功能的需求，而是体现在对文化内涵、艺术品位、审美诉求的追求上。这就要求室内设计成为既有科学性又有艺术性，同时又具有文化内涵的新型学科。本章即针对不同的室内空间类型设计进行细致的研究与分析。

## 第一节　居住空间设计

### 一、居住设计方案

#### （一）玄关

“玄关”一词源于日本，专指住宅户内与外部空间之间的过渡空间，是进入室内换鞋、脱衣或离家外出活动时整装整貌的缓冲空间。在住宅中，玄关虽然面积不大，但使用频率较高，是进出住宅的必经之处，在一定程度上反映出主人的文化气质。无论是主人回家还是客人到访，恰到好处的玄关设计能给人亲切、温馨的感受和家的氛围。有人这样形容：“如果说家是一首诗，那么玄关就是诗的引子，带出整个家的基调，一个漂亮而耐人寻味的引子，体现出主人的品位和情趣。”

对于玄关的设计，一般首先应考虑空间的隔与透。如果建筑的房型上已设置了相对独立的玄关空间，那它与客厅空间的衔接就比较好处理；如果原房型并无专用的入口过渡空间而直接进入客厅，那么玄关的设置宜保持原大空间的完整性，多以低矮的、具有存鞋功能的家具来适当地限定一下空间，也可结合透光材料或采用留有空隙的结构形式，与储物家具一同构成玄关的限定。同时，玄关储物家具的厚薄、高矮、造型和使用的材料应该满足使用的功能要求，和居室的整体风格应统一。而该处顶面、地面、墙面的设计也应满足实用、易于清洁的要求，在构图上突出一个视觉焦点。光环境的设计应给人明亮而温馨的感觉，对于视觉焦点需要进行重点照明。

图 4-1 为玄关设计，位于进门处的玄关是个相对独立的空间，旁边设置的沙发椅可供换鞋时就座。

图 4-1 玄关

（二）客厅

客厅是家庭内部面积最大的公共活动空间，是家庭的活动中心。

客厅空间与其他功能空间（如餐厅、走道等）的关系往往有以下几种：独立的客厅、客厅朝南而餐厅朝北的直通形空间、客厅与餐厅呈L形、客厅通过走道与其他空间相连。对于独立的客厅来说,其面积一般较大,也比较正气,有明确的出入口,不易与户内其他动线互相影响。设计时宜突出其豪华大方、具有内在秩序的特点,往往可采用对称式构图和传统风格。对于直通形的客厅,它和餐厅在空间上基本融为一体。如果需要在空间上适当进行一些划分的话,可以采用吊顶造型法、地面材料差异法、竖向限定或隔断添置法。而L形布局,客厅与餐厅在平面上是错位的,只需因势利导稍加设计,就很容易获得既有流动感又有所分隔的空间效果。如果客厅通过走道与其他空间相连,那么设计师可以通过设置屏风、木格、柱子、家具等来明确客厅空间,减少其他动线对客厅的干扰。

客厅的界面设计是体现风格、营造整体氛围的主要方法。由于人在客厅中以坐姿为主,视线较多地落在墙面和地面上,而地面的设计一般通过材质来表现,因此墙面的造型、用材用色以及灯光效果就成为设计的重点,顶面造型宜简洁,主要为光环境设计和设置空调风口创造条件。客厅中的墙面又以沙发背后、靠近人体的墙面和视线正对的墙面为主。设计应从整体出发,通过线形、图案、构图、色彩、材质来体现风格,并考虑这两个墙面与家具、视听设备(如果业主提出要摆放的话)之间的关系。

要赋予客厅一定功能,就离不开家具。客厅的主要家具是沙发、茶几、视听柜等。它们的摆放位置将决定空间的使用方式。在方案设计阶段,设计师应根据整体风格给业主提供家具式样搭配的效果参考,以及家具的平面布置图纸。

图4–2这个客厅拥有良好的日照和视野景观,落地玻璃窗使空间显得开敞,布艺沙发成组布置形成团聚氛围。图4–3的客厅空间不是很大,采用对称式构图,以壁炉为中心面对面地布置布艺沙发,具有强烈的向心感,风格与白色线框墙面协调。

图 4-2　客厅(1)

图 4-3　客厅(2)

（三）厨房和餐厅

厨房(图 4-4)和餐厅(图 4-5)有着紧密的联系,一个是准备食物的场所,另一个是享用食物的空间。对于以中国传统烹饪方式为主的家庭,厨房宜为封闭式的,可以阻绝油烟流窜到其他居室空间而影响空气质量。而习惯西式料理方式或以清淡烹饪方式的家庭,把厨房设计成开敞式的,和餐厅连成一体,能使之变成全家人共享的愉悦空间。

图 4-4　厨房

图 4-5　餐厅

在我国,客厅一直是家庭生活的中心区域,但随着居住条件的改善、居住面积的增加,以及家务工作被家庭成员共同参与,厨房与餐厅构成的区域有可能会代替客厅而成为家庭生活的中心区域。在国外,这一区域已经发展为融入家庭活动室在内的多功能空间,而不仅是解决吃喝问题的场所。

如果我们把厨房和餐厅作为一个区域来统一设计的话,可以从以下几方面来考虑。

一是厨房家具体化设计,把厨房设备和设施整合在一起。操作台长度和厨房设备足够准备休闲零食、便餐、家庭正餐,以及家庭宴席。厨房家具的尺度应适合主要使用者的人体和活动域尺度。

二是水槽、冰箱、灶台的位置应合理，既要彼此分开，又不能相距太远，三点所形成的三角形的周长应不大于 6.7 米，也不应小于 3.7 米，而水槽宜靠近外窗设置，利用天然采光有利于节能。

三是厨房设备的位置应合理。考虑到便于洗涤，宜把洗碗机、洗衣机靠近水槽布置；冰箱宜远离灶台，避免高温影响其制冷效果。

四是根据就餐区域的空间比例和进餐方式选用合适的餐桌椅。接近方形平面的空间，适宜摆放圆桌或方桌；长宽相差较明显的矩形空间，如果家庭成员人数不超过 4 人，或采用西餐的进餐方式的家庭，可选择长方形餐桌。

整体风格设计服从于全局，用材应考虑到防水、防滑、耐污、耐腐蚀、易清洁的要求。光环境的塑造突出就餐空间的团聚气氛，或祥和而融洽，或浪漫而温馨，要求选用高显色指数的光源来使食物色泽诱人，增加食欲。对于厨房操作台的工作面应给予较高的照度，多采用在吊橱底部安装重点照明灯具的方法。

### （四）卧室

卧室区域（图 4–6）是主人休息睡眠的地方，人们白天往往要在工作岗位上奔波忙碌，承受各种压力，卧室是供他们回家放松身心、在体力和精神上得到恢复的舒适私人空间。主卧区域在功能上应满足主人休息、睡眠、更衣、妆容、洗浴、如厕等需要，所以目前比较合理的主卧区域一般都包括主卧室、走入式更衣间、主卫三个部分，如果面积允许的话，还可以考虑安排一个主人书房套在其中。

整个主卧区域属于静态的、私密的空间，要求具有安静、舒适、温馨的睡眠氛围。设计整体色调宜为暖色，明度和饱和度不宜太高。空间造型不宜烦琐，以简洁为好，但界面宜选用有一定吸声降噪作用、触感相对较为柔和的材料。例如，墙面选用自然纤维墙纸，或者在床头后面的主墙面上装饰以软木片或织物软包；地面满铺地毯，或者在木地板靠床的位置局部铺设一块艺术地毯；厚重的窗帘也是不错的选择。

图 4-6 卧室

室内温湿度应宜人，对于冬季寒冷的地区，宜采用地暖系统。光环境体现温馨安逸，整体照明不宜太亮，而在床头的阅读区、设置座椅的休息区或工作区以及梳妆台、卫生间里可适当设置一定照度的灯具。

家具的设计和配置应和整体风格相协调。床提供睡眠功能，尺度应舒适，床头造型和床垫要符合人体工程学。床头柜可以用来摆放阅读照明灯具、书和其他小物件。如果卧室面积比较宽松，不妨在靠近有良好日照和景观的外窗旁放一对扶手椅或一把躺椅，供主人休息、聊天和阅读。如果有专用的走入式更衣室，那么卧室里就不需要再另外设置衣柜了。不论是更衣室的橱柜，还是卧室里另外配置的衣橱，其内部空间划分尤为重要，应充分考虑长大衣、连衣裙、长裤有足够的吊挂空间，而毛衣、内衣裤、鞋帽配饰等也应有合适的收纳空间和方式。如果主人经常出差或热衷于旅游，那就得考虑有旅行箱包的存放空间。此外，还应留出合适的空间来收纳床上用品。

### （五）卫生间

卫生间（图 4-7）的功能不外乎洗涤、如厕、洗浴、梳妆等。位于主卧区域内的是主卫，而供其他家庭成员和宾客使用的是次卫

(或称客卫)。从装修标准来看,一般情况下主卫要比次卫豪华,洁具设备的功能更齐全,选用的界面材料更高档。

图 4-7 卫生间

各个功能空间的设计有着各自不同的特点和要求,设计师在方案设计时应予以足够的考虑。但同时还应注意,这些功能空间是位于一所或一套住宅空间中的,应体现统一的风格特征,具有整体性,因此设计手法、主色调、主要材质宜统一。

## 二、居住设计风格

### (一) 中式风格

传统中式风格是一种以宫廷建筑为代表的中国古典建筑的室内装饰设计艺术风格,气势恢宏、壮丽华贵,高空间、大进深,金碧辉煌、雕梁画柱,造型讲究对称,色彩讲究对比,装饰材料以木材为主,图案多为龙、凤、龟、狮等,精雕细琢、瑰丽奇巧。但中式风格的装修造价较高,且缺乏现代气息,适合在家居中点缀使用。

现代中式风格更多地利用了后现代手法,墙上挂一幅中国山水画等。传统的书房里自然少不了书柜、书案以及文房四宝。中式风格的客厅具有内蕴的风格,为了舒服,中式的环境中也常常用到沙发,但颜色仍然体现着中式的古朴,中式风格这种表现使整个空间在传统中透着现代,现代中揉着古典。这样就以一种东方人的“留白”美学观念控制的节奏,显出大家风范,其墙壁上的字画无论数量还是内容都不在多,而在于它所营造的意境。可以说无论西风如何劲吹,舒缓的意境始终是东方人特有的情怀,因此书法常常是成就这种诗意的最好手段。这样躺在舒服的沙发上,任千年的故事顺指间流淌。

俗话说:由俭入奢易,由奢入俭难。晚清李渔《闲情偶寄》中房舍篇云:土木之事,最忌奢靡,匪特庶民之家当崇俭朴,既王公大人之家亦当以此为尚,盖居室之制,贵精不贵丽,贵新奇大雅,不贵纤巧烂漫……夫房舍与人,欲其相称。

图 4-8 中,设计师针对方案进行大刀阔斧的修改,对原有结构做出大胆的改变,摒弃传统繁杂的装饰结构,用讨巧的手法根据现场结构,因势利导,精简轻装(图 4-8)。

图 4-8 中式风格设计

玄关处(图 4-9),一入门放弃传统对称围合的视觉障碍,以一扇圆月洞窗的实木格栅隔扇装饰,配以托颈翘头案几,一副 3D 版的明月松间照的景象出现在入户第一眼中。

处于客厅休闲阳台原木自然吧台(图 4-10),既是把酒言欢的好去处,又是秉烛夜谈的好地方。临窗而立,犹如置身窗外的小区花园中。一年四季,在这里可以听雨声、鸟鸣声、风吹树叶的“欢笑”声,声声入耳,岂不快哉。

图 4-9　中式风格设计玄关

图 4-10　中式风格吧台设计

（二）新古典主义风格

新古典主义的设计风格其实是经过改良的古典主义风格。

欧洲文化丰富的艺术底蕴，开放、创新的设计思想及其尊贵的姿容，一直以来颇受众人喜爱与追求。新古典风格从简单到繁杂、从整体到局部，精雕细琢，镶花刻金，都给人一丝不苟的印象。一方面保留了材质、色彩的大致风格，仍然可以很强烈地感受传统的历史痕迹与浑厚的文化底蕴，另一方面又摒弃了过于复杂的肌理和装饰，简化了线条。新古典主义绘画以文艺复兴时期的美学作为创作的指导思想，崇尚古风、理性和自然，其特征是选择严肃的题材，注重塑造性与完整性，强调理性而忽略感性，强调素描而忽视色彩。

以重庆中海峰墅的设计为例，重庆傍水依山，云雾缥缈。除却“山城”“雾都”等人尽皆晓的古韵标签外，近代民国陪都文化的浸润，西洋韵味与中式文脉交织碰撞，衍生出“一半传统、一半摩登”的两种泾渭分明而又交融共生的个性文化。

已有二十余年历史的香港方黄设计团队从重庆陪都文化中汲取设计养分，以法式醇美新古典风格为基调，镌刻一段历史的记忆。设计没有繁冗多余的色调和修饰，让诗意和典雅重回生活主题中。其对于品质的态度和理解，皆在一片澄净柔和的白色调中演绎(4-11)。当人们身处其中，能深切地感知这座别墅所典藏的丰厚精神。

图 4-11　新古典主义风格设计(1)

客厅除法式美学特有的仪式感之外，纯净的山茶花拨动着空间的情绪，芬芳而素朴的沁香流于一室，建立起空间与人的情感链接。细节处的雕花、廊柱、线条，勾勒出古典美的精致和浪漫，而卷草纹、罗马柱等法式经典元素则以更加精练的语言散发出妩媚优雅的情思。

微风轻柔掠过，门厅左右两面的珠帘随风轻摆，吐纳着微醺的韵律，与一旁剔透的琉璃小品光影交汇，其中的情韵柔软而缱绻（图 4-12）。

图 4-12　新古典主义风格设计（2）

餐厅里雅棕与象牙白的糅合（图 4-13），重现法式经典的温婉韵调。室内柔和的色调与材质，在尺与度之间，赋予舒适而丰富的感官体验。自然光微透过半隐的轻纱，影影绰绰，为空间铺上一层朦胧的诗意美。

图 4-13　新古典主义风格设计（3）

书房（图 4-14）延续着空间的整体雅白调性，局部以书桌、地毯等软陈的深色点缀，调和了空间的体量之余，又赋予沉稳、精致的绅士格调。

图 4-14　新古典主义风格设计(4)

卧室散发着浓郁的法式情韵，醇美的软饰和色彩，质朴的浅棕柔雅而安谧，凝结着高端而沉稳的品位和质感(图 4-15)。几何语言的纷繁典雅，搭配金色家具框架的流丽、水晶摆件的剔透雅致，让空间的魅力在无言中绽放升级，兼容细腻的柔美与轻奢风华。

图 4-15　新古典主义风格设计(5)

方黄创始人方峻说，这是一个“独乐乐不如众乐乐，设计如奏乐”的协同设计新时代，方黄从来都不是一个团队在单枪匹马的作战，而是多个团队的协同参与。如峰墅项目，上海团队负责项目的空间创意设计，日本籍专项合伙人中川先生亲自参与了照明方案设计，深圳团队负责项目的软装及深化设计，成都团队负责项目的运营与管理。方黄设计致力将每一个项目打造成为行业匠心典范!

（三）地中海风格设计

“大海是生命之源”,地中海(“Mediterranean”)的意思源自拉丁文,原意为地球的中心。地中海风格是最富有人文精神和艺术气质的装修风格之一。

地中海风格起源于希腊雅典,让人们在神圣的希腊雅典神话中感受到简朴自然的生活。白灰泥墙、连续的拱廊与拱门、陶砖、海蓝色的屋瓦和门窗等是地中海风格的主要设计元素,地中海风格家具致力于将人们的生活融入花草之间,回归自然,感受地中海式的风光(4-16)。

图 4-16　地中海风格设计(1)

本案中的客厅(图 4-17),梁与背景墙的截面设计成矩形,数根梁的组合与穿插形成富有结构的韵律。瓷砖上选择了海浪纹理和黄褐色,壁纸与地砖呼应,配饰方面选择海洋元素的饰品装饰空间并有小装饰品的点缀。所有元素结合起来是富有变化和层次的,仿佛置身于广阔的海洋中。

餐厅(图 4-18)在空间设计上采用了连续的拱门和马蹄门窗来体现空间的通透,并在墙面处采用半穿凿塑造室内的景中窗。一个原汁原味的地道设计还需要处理无处不在的细节,如涤置黄铜制的面包托盘、陶器、铜锅，古老的木制和银制餐具等。

图 4-17　地中海风格设计(2)

图 4-18　地中海风格设计(3)

主卧家具上使用了低彩度、线条简单且修边的浑圆木质家具。表现出海水柔美而跌宕起伏的浪线和对大海的深深眷恋(图 4-19)。

在厨房及洗手间里(图 4-20、图 4-21)，灰蓝色、黄色这些都是来自于大自然最纯朴的元素，给人一种阳光而自然的感觉。

图 4-19　地中海风格设计(4)

图 4-20　地中海风格的厨房设计

图 4-21　地中海风格的洗手间设计

# 第二节　办公空间设计

## 一、办公空间的类型

### （一）以办公空间的布局形式分类

1. 单间式

单间式是以部门或工作性质为单位，将办公区域分别安排在不同大小和形状的房间之中的办公形式。特点是空间之间较独立，私密性强（图4-22）。

图4-22　单间式办公室

2. 开敞式

开敞式是将若干部门置于一个大空间之中，每个工作台可以用矮挡板分隔的办公空间形式。其特点是节省空间，空间感觉开阔、舒展，同时装修、供电、信息线路、空调等设施容易安装，费用较低（图4-23）。

图 4-23　开敞式办公室

（二）以办公空间的业务性质来分类

办公空间的业务性质来分为四大类：行政办公空间，即党政机关、人民团体、事业单位的办公空间；商业办公空间，即商业和服务单位的办公空间，装饰风格往往带有行业窗口性质；专业性办公空间，指各专业单位的办公空间，专业单位的范围较广，包含金融、网络、科技、文化娱乐等行业；综合办公空间，指以办公为主，同时包含公寓、展示和娱乐为一体的办公空间。

## 二、办公空间的设计要素

（一）空间形态方便内部交流与对外协作

不同性质的企业其办公的工作流程和工作方式也不尽相同。在进行办公空间的设计时，了解企业的内部关系及工作流程对空间形态的构成极其重要。在单元型办公空间设计时，有密切工作关系的办公空间设置应相邻、相近，方便沟通与协作，能促进工作中人与人之间的相互交流和良好互动，建立合作精神。现代办公家具多具有灵活多变的组合功能，可根据各部门人员配置及配套设施的功能需求进行自由组合与合理搭配。

（二）视觉识别性能方便企业形象的对外认知

不同公司的企业形象、鲜明特点的背景空间，能展示企业的文化和管理理念。在大型办公空间中要以“导向”为目的设计，根据环境中人的“动线”（移动方向）的分析，在设定平面动线后，选择相应的功能区域的明显位置来设置标识，以赋予指示功能。在现代办公空间设计中，应充分利用标识的色彩、造型，将其融合在室内环境中，不仅实现了清晰的指引功能，还方便外界在室内空间中对本机构的企业文化得到感观认知。

（三）办公心理环境

现代室内设计理念已不再将人与环境看成是孤立和各自存在的，而是强调以人为本的整体统一的关系。在办公空间的设计中人是主体，所以需要研究人的工作状态及行为习惯，以创造出符合人们需求的人性化办公空间。办公空间作为长期的人们共同工作、交流的场所，其空间的设计应结合人们办公行为的特点、心理因素来组织空间布局和巧妙地安排空间界面、色彩、灯光、办公家具等设施内容。

在平面布局中应注意以下问题。

（1）设计导向的合理性。设计的导向是指人在其空间的流向。这种导向应追求“顺”而不乱，所谓的“顺”是方向明确，人流方向空间充足。为此，在设计中应模拟每个座位中人的流向，让其在变化中规整。对职能空间的布置，应将对外密切的空间放置于出入口或出入口的主要通道上，如收发室放在入口上，接待、会客、会议室放在出入口的主通道上。需要与外界有一定独立性的，人流量不多的空间，应放在靠角落处。

（2）根据功能特点与要求来划分空间。在办公室设计中，各机构或各项功能都有自己的特点。例如，财务室应有防盗的特点，会议室应有不受干扰的特点，经理室应有保密的特点，会客室应有便于交谈休息的特点，我们应该根据特点来划分空间。因此，在设计中我们可以考虑经理室、财务室划分独立空间，让财务室，会议室与经理室的空间靠墙来划分，让洽谈室靠近于大厅与会客区，让普通职工办公区域规划于整体空间中央。

应考虑家具、设备尺寸，办公人员使用家具、设备时的活动空间尺度。

### （四）办公空间功能区域的安排

首先要符合工作和使用方便的特点。从业务的角度考虑，通常平面的布局顺序应是门厅—接待—洽谈—工作—审阅—业务领导—高级领导—董事会。此外，每个工作程序还有相关的功能区域支持。

门厅处于整个办公空间的最重要的位置，是给客人第一印象的地方，应重点设计，精心装修，平均花费较高。面积要适度，在门厅范围内，可根据需要在合适的位置设置接待秘书台和等待的休息区，还可以安排一些园林绿化小品和装饰品陈列区。接待室是洽谈等待的地方，也是展示产品和宣传单位形象的场所，装修应有特色，面积不宜过大，家具可使用沙发、茶几组合。要预留陈列柜、摆设镜框和宣传品的位置。工作室即员工办公室，根据工作需要和部门人数，并参考建筑结构而设定面积和位置，要注意与整体风格的协调。管理人员办公室通常为部门主管而设，一般靠近所辖的部门员工，可安排独立或半独立空间。陈设一般有办公台椅和文件柜，还设有接待谈话的椅子，还可增设茶几等设施。领导办公室通常分高级领导和副职领导办公室，两者在装修档次上是有区别的，类办公室的平面布置应选通风、采光条件较好、方便工作的位置，面积要宽敞，家具型号较大，办公椅后面可设装饰柜或书柜，增加文化气氛和豪华感。办公台前通常有接待洽谈椅。地方较大的还可以增设带沙发、茶几的谈话和休息区。有些还单独设卧室和卫生间。会议室是用户同客户洽谈和员工开会的地方。如果使用人数在 20 ~ 40 人之内(60 ~ 100 平方米),可用圆形或椭圆形的大会议台形式;如人数较多的会议室,应考虑独立的两人桌;大会议室应设主席台,有些还要具备舞厅功能。设备与资料室,面积和位置除了要考虑使用功能方便以外,还要考虑保安和保养、维护的要求。通道,在平面设计时要尽量减少和缩短通道的长度。主通道宽一般在 1.8 米以上,次通道宽也不要低于 1.2 米。

## 第三节　餐饮空间设计

“民以食为天”,饮食是人类生存需要解决的首要问题。但在社会多元化渗透的今天,饮食的内容已更加丰富,人们对就餐内容的选择包含着对就餐环境的选择,是一种享受,一种体验,一种交流,一种显示,所有这些都体现在就餐的环境中。因此,着意营造吻合人们观念变化所要求的就餐环境,是室内设计把握时代脉搏,饭店营销成功的根基。

### 一、餐饮的布置类型

#### (一)夹缝式

在城市商业地段或干道旁,在有限的“夹缝式”用地和空间布局内发展。这种餐饮店大多为中小型,是目前我国城镇中数量最大的一种餐饮建筑类型。夹缝式餐馆往往只有一个立面对外,在繁华的商业街上,立面的设计需要有明显的个性特征(图 4-24)。

图 4-24　夹缝式餐馆立面

（二）综合体式

在城市中心的商业繁华地段，随着城市商业中心区的改造和再开发，建筑往往向大型化、综合化发展，面向人们生活息息相关的餐饮业也跻身其中，成为综合体的一部分。

综合体式的餐饮店大多没有外立面，重点在于室内餐饮店入口的门脸设计及店堂内的餐饮环境设计（图 4-25）。

图 4-25　购物中心内餐饮空间

（三）独立式

独立式是指单独建造的餐馆、餐饮店，大多为低层（图 4-26），用地比夹缝式餐馆宽敞，有的还有娱乐设施，如卡拉 OK、台球等。

图 4-26 独立式餐馆

## 二、餐饮设施布局与面积指标

餐饮环境是餐厅、宴会厅、咖啡厅、酒吧及厨房的总称，其中餐厅包括：中餐厅、西餐厅、风味餐厅、自助餐厅。主要由餐饮区、厨房区、卫生设施、衣帽间、门厅或休息前厅构成。

餐饮设计的布局中，如独立设立餐厅和宴会厅，此种布局要求就餐环境独立而优雅，功能设施之间没有干扰。在裙房或主楼低层设餐厅和宴会厅是多数饭店采用的布局形式，功能连贯、整体、内聚。主楼顶层设立观光型餐厅，此种布局（包括旋转餐厅）特别受旅游者和外地客人的欢迎。休闲餐厅布局（包括咖啡、酒吧、酒廊）比较自由灵活，大堂一隅、中庭一侧、顶层、平台及庭院等处均可设置，增添了建筑内休闲、自然、轻松的氛围。

餐饮设施的面积指标如表 4-1 所示。

表 4-1 餐饮设施的面积指标

| 级别 | 分项 | 每座面积 / 平方米 | 比例 /% | 规模 / 座 | | | | |
|---|---|---|---|---|---|---|---|---|
| | | | | 100 | 200 | 400 | 600 | 800/1 000 |
| 一级餐馆 | 总建筑面积 | 4.60 | 100 | 450 | 900 | 1 800 | 2 700 | 3600 |
| | 餐厅 | 1.30 | 29 | 130 | 260 | 520 | 780 | 1040 |
| | 厨房 | 0.95 | 21 | 95 | 190 | 380 | 570 | 760 |
| | 辅助 | 0.50 | 11 | 50 | 100 | 200 | 300 | 400 |

续表

| 级别 | 分项 | 每座面积/平方米 | 比例/% | 规模/座 | | | | |
|---|---|---|---|---|---|---|---|---|
| | 公用 | 0.45 | 10 | 45 | 90 | 180 | 270 | 360 |
| | 交通结构 | 1.30 | 29 | 130 | 260 | 520 | 780 | 1040 |
| 二级餐馆 | 总建筑面积 | 3.60 | 100 | 360 | 720 | 1 440 | 2 160 | 2 880 |
| | 餐厅 | 1.10 | 30 | 110 | 220 | 440 | 660 | 880 |
| | 厨房 | 0.79 | 22 | 79 | 158 | 316 | 474 | 632 |
| | 辅助 | 0.43 | 12 | 43 | 86 | 172 | 258 | 344 |
| | 公用 | 0.36 | 10 | 36 | 72 | 144 | 216 | 288 |
| | 交通结构 | 0.92 | 26 | 92 | 184 | 368 | 552 | 736 |
| 三级餐馆 | 总建筑面积 | 2.80 | 100 | 280 | 560 | 1 120 | 1 680 | 2 240 |
| | 餐厅 | 1.00 | 36 | 100 | 200 | 400 | 600 | 800 |
| | 厨房 | 0.76 | 27 | 76 | 152 | 304 | 456 | 608 |
| | 辅助 | 0.34 | 12 | 34 | 68 | 136 | 204 | 272 |
| | 公用 | 0.14 | 5 | 14 | 28 | 56 | 84 | 112 |
| | 交通结构 | 0.56 | 20 | 56 | 112 | 224 | 336 | 448 |

## 三、餐饮环境功能分区的原则

总体布局时，把入口、前室作为第一空间序列，把大厅、包房雅间作为第二空间序列，把卫生间、厨房及库房作为最后一组空间序列，使其流线清晰，功能上划分明确，减少相互之间的干扰。餐饮空间分隔及桌椅组合形式应多样化，以满足不同顾客的要求。同时，空间分隔应有利于保持不同餐区、餐位之间的私密性不受干扰。餐厅空间应与厨房相连，且应该遮视线，厨房及配餐室的声音和照明不能泄露到客人的座席处，餐厅的通道设计应该流畅、便利、安全。

人作为餐饮空间内流线的最为主要的使用者，其心理认知、感觉与行为、习惯等都对流线设计有着重要的影响。因此，设计者在进行流线设计时，必须以人为本，让流线动向最大化地与人的行为习惯和心理活动趋势相契合。一方面能为人提供舒适的空间环境，另一方面也能提高室内空间的整体利用效率。流线在餐饮空间里本就是分析功能、组织空间之后的产物，除了承担着承载人流，保证室内外交通流畅外，同时也对空间构成的划分有着重要的影响。为了对人流进行引导、对流线进行强调，还可以适当地运用一些辅助手法，如标识对流线有着较好的辅助作用，在各功能区内设置确认性标识，帮助使用者辨别不同的功能性空间；在各流线的入口或者流线与流线汇集、交叉、转折处设置引导性标识，以便使用者能快速地辨别方向；在一些特殊空间设置禁止进入或者请勿靠近等提示性标识对空间进行人为隔离等。除此之外，灯光与色彩也是流线设计中重要的强调手段。一般来说，人很容易被明亮的色彩或者灯光所吸引，设计者可以利用这一特性在主流线入口处对灯光和色彩加以变化，一方面强调了流线，另一方面丰富了餐饮空间的内部层次，这对整体空间来说也是较为有利的。

## 四、餐饮空间的类型

### （一）快餐店

快餐店的室内设计在功能上要最有效地利用空间，风格上应以明快为主，有统一的广告识标、统一的店式，突出本店的特色。快餐店以座席为主，用餐者不会停留太久，更不会对周围景致用心观看或细细品味。设计者可以通过单纯的色彩对比、几何形体的空间塑造和丰富整体环境层次等手段，取得快餐环境所应有的效果。厨房可向客席开放，增强就餐气氛（图 4–27）。

图 4–27　快餐店设计

（二）自助式餐厅

自助餐是由宾客自行挑选、拿取或自烹自食的一种就餐形式。餐台旁需留有足够流动的选择空间，让人有迂回走动的余地，避免客人排队取食，对顾客的流线需要有周密的考虑。多采用大餐厅、大空间的形式，厨房简单。就餐的桌椅不可安排得太密，以便于客人取用食物时走动。尽可能地提供摆放多种菜品的同时，也要营造主题氛围，使环境、服务、餐具、灯光、摆设菜品等每一个细节都与主题相匹配，整体装修力求简洁明快、宽敞、明亮（图 4–28）。

图 4–28　自助式餐厅设计

（三）火锅店

目前，火锅店分为传统的封闭式火锅店和现代的开放式火锅店，以开放式较多见。其功能划分为等候区、收银区、卡座区、散座区、包间区、调料台、厨房、卫生间等（图 4-29）。人流动线的安全是指吃火锅的客人和服务人员、原料供应在大厅中的流动方向和路线。对于顾客和服务人员来说，要求火锅店的大门与座位之间的通道畅通无阻，一般以直线为好，既方便顾客走动，又减少服务人员的工作量。常见的分隔形式有使用屏风、帷幕、珠帘、矮墙等进行划分区域，还可以用花架、盆景、水池等起到空间分隔作用。在室内设计时除了要考虑餐桌较普通的要大一些（桌子中央有直径 30 厘米左右的炉具），按照国际标准，成年人用椅高为 40 厘米，桌高 70 厘米为佳。火锅店的桌席设计形式较多，一般有单人座、双人座、多人座、圆形式、长方形式等多种。火锅店一般采用长方形式、圆形式，比较高档的可以彩纵、横式或混合式。还要特别注意排烟问题，设计中出现了上排烟和下排烟系统。一般厨房设计，常用的面积比例为 4 : 6 或 3 : 7，厨房是准备与加工火锅原料、底料、汤卤的区域，包括清洗间、备料间、原料库、加工区、炒料区、熬汤卤区、菜点区等，主要设备包括操作台、消毒柜、冰箱、案板台、油烟机、各种锅灶、原料盘、推车、餐具、调料罐等。火锅店设计需注意色彩与光线的密切关系，科学地运用其关系，可以提高顾客食欲、改善就餐环境，可以根据季节、气候、火锅的性质来定，以色调来衡量。因此，火锅店的空间布局，会直接影响用户对火锅店的印象，在用餐时的方便，真正调动客户的用餐氛围才能提升火锅店的档次。

（四）中餐厅

中餐厅（图 4-30）以经营中国民族饮食风味的菜肴为主，中餐可分为粤菜、川菜、鲁菜、淮菜等特色菜系，其餐厅空间设计经常采用中式设计元素来贯穿室内空间的界面，使空间呈现出古典幽雅、含蓄委婉的意韵。中餐厅设计空间布局庄重，富于气势，具有独特的设计风格与韵味。中餐厅设有收银台、等候区、长廊通道、敞开式的散席空间、包间、备餐厅、厨房、卫生间等。空间布局紧凑，客席多为 8 人座为主，厨房面积占 25% 左右。中餐厅设计通常运用传统形式的符号进行装饰与塑造，既可以运用藻井、宫灯、斗拱、挂落、书画、传统纹样等装饰语言组织空间或界面，也可以运用我国传统园林艺术的空间划分形式，利用拱桥流水、虚实相形、内外沟通等手法组织空间。色彩多考虑地方的文化特色、照明均匀，以营造中华民族浓郁的传统气氛。

图 4-29　火锅店设计

图 4-30　中餐厅设计

（五）西餐厅

西餐厅（图 4-31）泛指按西方国家饮食习惯烹制菜肴的餐厅，西餐厅的设计通常借鉴西方传统模式，配以钢琴、烛台、漂亮的桌布、豪华的餐具等，呈现出安静、舒适、优雅、宁静的气氛。因此，其装饰风格也与某国民族习俗相一致，充分尊重其饮食习惯和就餐环境需求。其厨房的布局须按操作程序设计，西餐的烹饪使用半成品较多，所以面积较中餐厅厨房的面积略小些，占 25% 左右。西餐厅的形式多体现美式和欧式风格，美式服务便捷省力，欧式以法式为正宗。在空间布局中多采用开敞、封闭、半封闭三种类型，其客席布置比中餐厅宽松，多以 4 人座为主。空间内部色彩稳重、灯光照明不宜过亮，在空间内设立表演台，可以营造出西餐厅的浪漫气氛。

图 4-31 西餐厅设计

（六）休闲饮品店

休闲饮品店（图 4-32）主要经营各种饮料，其功能分区主要有收银台、展示柜、散座区（单人、两人、四人、多人）、厨房、卫生间等，在城市中为人们提供一个可以休闲交友的去处。在西方这是一种以“休闲、舒适、情趣、品味”为主题的餐饮模式，其空间设计较为灵活。

图 4-32　休闲饮品店设计

（七）酒吧

酒吧（Bar）多指娱乐休闲类的酒吧，提供现场的乐队或歌手以及专业舞蹈团队、单人表演。高级的酒吧还有调酒师表演精彩的花式调酒。酒吧的类型可以分为音乐舞蹈类酒吧、风格陈设类酒吧、自制自酿类酒吧、收藏展示类酒吧、诗歌文学类酒吧、体育休闲类酒吧等。其功能分区为接待区、等候区、表演区、吧台区、卡座区、散座区、包间、卫生间、厨房、库房等，在个别的地方可以设置站席。吧台有两种不同的高度：为服务人员准备的高度和为顾客准备的高度。吧台的高度通常是 1 000 ~ 1 050 毫米，桌子的高度大约是 700 毫米。因此，水平差异应为 300 ~ 500 毫米，与视线高度一致。根据吧台的特点来规划酒吧内的厨房设施，如果有一个服务人员，酒吧就需要供水系统、排水槽、冰箱、工作空间和设备等。在酒吧中兼带有 2 ~ 3 人的小型表演，歌手常与客人打成一片。听歌、饮酒娱乐同时进行，这类酒吧称之为表演吧，消费者主要以朋友聚会饮酒、情侣约会等为主，其空间的照明以弱光线和局部照明为主要形式（图 4-33）。

图 4-33　酒吧设计

## 五、餐饮空间的设计

### （一）总体空间布局

无论餐饮空间的规模、档次如何，均由几个子空间组合而成。常规餐饮空间按照使用功能可分为主体就餐空间、单体就餐空间、卫生间、厨房工作间等。要处理好餐饮空间中的面积分配，所以合理、有效、安全地划分和组织空间，就成为室内设计中的重要内容。

### （二）空间动态流线分析

餐饮空间设计要满足接待顾客和方便顾客就餐的基本要求，表达餐饮空间的审美品位与艺术价值。

面积决定了餐厅内部的设计，经济合理、有效地利用空间是设计时需要把握的手段。秩序是餐厅平面设计中的一个重要因素。平面过于复杂则空间会显得松散，设计时要用适度的规律把握好秩序，才能取得整体而又灵活的平面效果。餐桌、餐椅的布置需要满足客人活动空间的舒适性和伸展性,要考虑各种通道空间尺寸的便利性和安全性以及送餐流程的便捷合理。服务通道与客人通道相互分开,过多的交叉会降低服务的品质,好的设计会将客、服通道分开。

### (三)整体文化的表达

作为餐饮空间场所,让人在就餐的同时又得到文化艺术的美感享受,无形中会提升餐饮空间的附加值。餐饮空间设计可利用各种各样的历史文化、民族乡土文化等元素来营造文化氛围,多角度、多视点地来挖掘不同文化风格的内涵,寻找设计突破点。一个具有良好文化品位的就餐环境在很大程度上会感染顾客的即兴消费,独特的空间往往会吸引顾客进店消费。

设计者要善于分析各种社会人群的需求以及社会文化的心理,用心去寻找为人喜爱和欣赏的文化主题,以此为设计元素进行展开和深化。整体地对餐饮空间进行包装,从而创造出具有文化主题的餐饮空间。

### (四)色彩与材料的选择

环境色彩会直接影响就餐者的心理和情绪,食物的色彩会影响就餐者的食欲。色彩是具有感情和象征性的,如黄色显示高贵与权利、蓝色感觉深邃、红色象征热烈、白色表现纯洁与洁净、绿色代表生命与青春。不同的人对不同色彩的反映也不一样,儿童对纯色的红色、橘黄色、蓝绿色反应强烈,年轻女性对流行色彩比较敏感。设计中要考虑顾客的人群、年龄、爱好,以吸引顾客群体的兴趣,用色彩创造不同餐饮空间的情调与氛围。

对餐饮空间氛围的营造离不开材料这一载体,天然的材质给人以亲切的感受,具有朴实无华的自然情调,能创造出宜人与温馨的就餐环境。平整光滑的大理石、金属的镜面材料、纹理清晰的装饰面材,会让人产生一种隆重、高贵的联想与感受。材料的选择不在于昂贵,在于精心的构思和合理地选用、组织,使之相互匹配。昂贵材料能显示富丽豪华,平实的装饰材料同样能创造出优雅的审美意境。

餐饮空间材料的选择要符合功能的需要,地面材料应坚实耐久,并且易清洗。立面墙体或隔断反映设计水准和设计特色,具有虚实变化和审美比例尺度等技术要求。根据功能的需要,有些材料要选择具有吸音作用的,以降低餐厅的噪声,为人的交流提高音质,改善用餐的环境。

### (五)灯光照明的设计

灯光在餐饮空间中对食客的视觉、味觉、心理均有重要的影响,可以采用灯光的明与暗、光与影、虚与实创造奇妙的光感效应。

灯光设计依据不同的餐饮企业的经营定位,具有不同的灯饰系统。西餐厅注重优雅,讲究情调,灯饰系统以沉着柔和为美;中餐厅以浓度色调装饰界面空间,配以暖色的灯光,显得灯火辉煌、场面热烈。

餐厅的空间照明要有光线强弱变化的层次感,桌面的重点照明有助于增进食欲,有艺术品的墙面可用局部照明的灯光,烘托艺术氛围又形成明暗对比,丰富了空间层次。灯具作为重要的装饰要素,它的外观对表现空间的风格和美感,体现餐厅的格调,具有明显独特的优势和魅力。

### (六)家具的选用

餐饮空间的桌椅是提供顾客享受进餐过程的设备,首先要便于顾客使用,还要考虑大小和形状是否与空间匹配以及它与整体环境风格关系的协调性。其餐椅是消费者直接接触的家具,它既要符合功能使用的目的,还要有视觉上的美感。餐饮空间中的吧台或服务台的设计造型是空间设计中的一个亮点,设计时要考虑使用独特的处理手法。

## 第四节　展示空间设计

展示是以高效传递信息和接受信息为宗旨，在限定的空间和地域内，以展品、道具、建筑、照片、文字、图表、装饰、音像等为信息的载体。利用科学技术调动人的生理、心理反应而创造宜人活动环境的行为。

### 一、展示艺术设计

展示艺术设计是一种以科学功能为基础，以艺术形式为表现实现一个精神与物质并重的人为环境的理性创造活动，这样的公共环境不仅能够传播信息、启迪创造、陶冶性情，而且还能培植新文化、新观念和对新生活方式的追求。

根据展示活动的内容，可分为经贸展示、人文自然展示、综合展示、专业性展示、命题性展示；根据形式可以分为博览会、博物馆陈列、遗产中心、自然保护中心、展览会、科学文化中心、纪念中心、橱窗等；根据地区可分为地区性展示、全国性展示、国际性展示；根据规模可分为巨型展示、大型展示、中型展示、小型展示；根据时间可分为长期展示与短期展示、永久展示与临时展示；根据展示的方式方法可分为固定展示、流动展示、巡回展示、可以组装展示。

展示的类别包括以下几个方面的内容。

博览会：由国家直接出面筹备或由国家认可的团体出面主办，以促进人类经贸发展和文化科学进步为宗旨的多元巨型展示活动（BIE）。时间：三周以上、六个月以下。博览会分一般性博览会和专门性博览会。

博物馆：以教育为目的的展示设计，它向着不同背景的急于寻求知识、欢乐、涵养的人们提供信息和服务。展示时间为5年、

10年或更长,内容包括历史、艺术、海洋、科学、自然等。

展览馆:特征是内容时新、针对性强、周期快、时间短、适应性强。展示时间短,很少超过2个月。根据面积分为小型展览(不足50平方米)、中型展览(50～150平方米)、大型展览(150～500平方米)、巨型展览(500～1000平方米)。

专卖店:具体包括店面与商标设计、招牌与标志设计、橱窗设计、店面的布置及商品设计。

## 二、展示空间设计要素

### (一)光、影和形

物体由于受光的照射而产生阴影,阴影使物体具有立体感。立体感的强弱又取决于光的直接和间接照度、角度和距离。就像南北极附近的国家,由于照度弱、角度大、光照时间短,因此物体的阴影较长。反之,赤道边的国家,光照强、照度高、角度小、光照时间长,因此物体的阴影较短。这就是光、影和形的关系。光源数和色光的变化会使物体的"可见形"发生变化而丰富多彩。利用光的特性,巧妙地处理阴影是照明艺术中的一个技巧,试将灯光从一个物体的各个角度去照射,该物体出现的不同受光面及投影会传达不同的感觉,左、右上角45°的照射由于违反常规的视觉习惯会产生怪诞甚至恐怖的效果,如适当增补侧面光,则可以减弱或消除不必要的阴影。在展厅和橱窗等环境中用加滤色片的灯具,能制造出各种色彩的光源,形成戏剧性效果。照明手法的运用也有一定的流行性,现在比较常见的是利用柔和的底透光、背透光效果来造型,以突出展品甚至整个展台的效果。道具虚无化的处理也是巧妙地运用了光的效果,突出展品而适当地忽略道具。展示照明光源的选择是以取得最佳展示效果、突出展品的形体、还原展品的真实色彩、保护展品为基本原则的。

（二）光色氛围

光色氛围的形成通常是采用特定的色彩设计与照明形式结合的方式来达到的。是用照明的手法渲染环境气氛，创造特定的情调，与展品的照明形成有机的统一和对比。在展示空间内，根据不同的创意，可以运用泛光灯、激光发射器和霓虹灯等设施通过精心的设计，营造出幻彩缤纷的艺术气氛。如将灯光色彩进行处理，以制造戏剧性的气氛；利用色彩的联想，用暖色调的光源制造出炎热的阳光效果或火光，用五彩的灯光创造扑朔迷离的幻想效果等。在进行灯光色彩处理时，必须充分考虑有色灯光对展品或商品固有色的影响，尽量不使用与展品或商品色彩呈对比的色光，以避免造成展品色彩的失真。

室外展示环境的气氛渲染可采用泛光灯具照射建筑物的手法，也可以用串灯勾画出建筑物或展架的轮廓，还可以装置霓虹灯，在喷泉中用彩色灯照明，甚至可以用探照灯或激光照射天空中浮游展示物等方法来渲染热烈气氛。现代展示空间设计中经常将照明的控制与电脑技术结合起来，根据不同的展示要求，达到光线渐亮、渐暗、跳跃的效果，产生交叠流动、瞬间变幻、华丽璀璨的照明效果。

## 三、不同的展示空间设计

（一）意大利 2015 年米兰世界博览会中国国家馆

简称“米兰世博会中国馆”（图 4-34、图 4-35），以 4 590 米$^2$的第二大外国自建馆亮相意大利 2015 年米兰世界博览会，由中国馆组委会由中国贸促会和中国农业部联合组成。以“希望的田野，生命的源泉”为主题，旨在展现中国有效利用资源，保障粮食安全，提供充足、健康、优质食品的不懈努力以及对未来发展的展望。中国国家馆建筑外观如同希望田野上的“麦浪”，设计靓丽清新，大气稳重；中国馆吉祥物“和和”“梦梦”紧扣主题，可爱友善。中国馆的主建筑正立面，是整个建筑流线最高潮的部分——高耸的胶合木结构屋架，宛如“群山”造型。

图 4-34　中国国家馆建筑外观

图 4-35　中国国家馆建筑细部

建筑结合主题，提取中国传统歇山式造型元素，结合现代设计思潮，将“天、地、人、和”的概念和水稻、小麦的元素融入设计，创造出具有前瞻性的展馆造型，如同希望田野上的一片“麦浪”。中国国家馆展陈设计由五部分组成，主题分别为：序、天、人、地、和，展示中国顺天时、应地利，人与自然和谐共生的可持续发展理念。“序”主题展区为观众等候区。“天”主题展区（图 4-36）通过多媒体互动装置描绘春、夏、秋、冬和重要节气，24 节气的汇集表现了中国人顺应天时、尊重自然的智慧。“人”主题展区是中国馆具体展项的集中展区，将围绕农业文明、民以食为天、面向未来的智慧三大板块进行展示。“地”主题展区（图 4-37）展示华夏大地山川河流地貌的多样性，以及农民劳作丰收的壮观场景。“希望的田野”通过富有创意的科技展示手段，由 2 万余根人工“麦秆”组成，构成了巨大的带有立体感的动态田野画面。“和”主题影像厅用鲜明的故事线描述中国人在发展农业、获取粮食和食品的同时，寻找与自然和谐平衡、推动可持续发展的思索。

图 4-36 “天”主题展区

图 4-37 “地”主题展区

（二）天津滨海美术馆

由冯·格康-玛格及合伙人建筑师事务所设计的天津滨海新区文化中心——滨海美术馆正式落成。滨海美术馆是天津滨海新区文化中心“五馆一廊”文化设施的重要组成部分。美术馆将在未来举行多样的当代艺术展览。开放灵活的平面布局和可移动墙面系统为艺术提供了自由的舞台。

建成后的天津滨海新区文化中心将成为崭新的热门文化地标，这里坐落着数座不同寻常的建筑，由来自世界不同国家的设计师分别承担了其中博物院、剧院、活动中心等独立机构的设计任务，五座场馆通过一座由伞形钢柱支撑的文化长廊连为一体（图4-38）。

**图4-38　天津滨海美术馆外观**

天津滨海美术馆位于天津滨海新区文化中心的西北角，滨海现代城市与工业探索馆的对面。美术馆高五层，总建筑面积26 500平方米。建筑呈规则长方体体量，幕墙为浅色天然石材。建筑幕墙由下自上带有细长窗缝的封闭幕墙逐渐取代大面积横向玻璃幕墙。建筑面向艺术长廊和室外街道的一侧，玻璃幕墙与石材立面交接处呈现阶梯式退进结构，从而强调出美术馆的正门，玻璃幕墙实现了通透的视野，使来访者可以一窥馆内艺术展品的魅力。

美术馆采用了古典的对称结构布局。两座侧翼连接围合一座宏大的中央空间,其内可以陈列大型展品,也可以作为迎宾、拍卖或多功能厅使用。沿街一侧的西立面,一座大型室外楼梯直通位于二层的中央接待大厅,来访者可以通过一座中庭由此直接到达博物院前厅,同时这里也与同层之上的文化艺术长廊相连(图4-39)。

图 4-39　天津滨海美术馆中央接待大厅

美术馆的三层空间之上将举行多样的当代艺术展览。越层空间内的可移动展墙可根据不同主题自由分隔组合展览空间。灵活的平面组织和 7 米的空间净高可以布置陈列大型展具。照明灯带被整合安装在屋面吊顶内,为展览空间提供多样的照明方式。可调节的射灯可以营造多种展览和空间的基调(图 4-40)。

图 4-40　天津滨海美术馆展览空间

(三)西安钟书阁

钟书阁是由中国上海的 Wutopia Lab 设计公司设计。在中国最具有历史感的城市——十三朝古都西安创造一个最轻盈洁白的钟书阁书店。他们认为作为中国最美书店的钟书阁,需要在西安表达出一种特别的对历史和地域的敬意。综合这些信息,设计师们自然而然的采用白云作为主体,为西安读者营建一个如梦一般的云中天堂,西安钟书阁由此诞生。

Wutopia Lab 放弃了直接进入书店的设计,特地在四楼日常的商业空间中打造了一个闪闪发光的入口,这要求在不破坏主体结构的前提下打通五层的楼板进入书店主要区域。他们构筑了一个宏大的无柱的白色弧线楼梯,被一条螺旋而上的白色旋转飘板所强调,周遭环绕定制白色亚克力所砌筑的书墙(图 4-41)。读者们从日常生活中而来,拾阶而上,被周围书籍所展示的人类求知与探索的精神而鼓舞,意指进入云中书店,可以通天。书店的基本空间由重点图书推荐区和公共阅读区组成。Wutopia Lab 决定打造一个白云上的读书天堂,它应该具有轻盈的流线型的自由空间,因为消防规范的限制,他们不得不挑战书架的传统类型和材料,首次用 5 毫米厚的钢板来定制曲线书架。经过精密的结构计算,以隐藏在背后的基础钢架为支撑结构,3 000 多米长的钢板书架全部以悬挑的结构形式漂浮在空间中。

图 4-41 通天塔

为了实现这样一个柔软自由的场所,空间使用了大量时代前沿的数字化理念和技术,每一片钢板都通过编程设计优化,由数控机床加工生产，按编号现场安装。电脑辅助设计与创新材料让概念变成了现实。由自由流动的曲线勾勒的书架共有十层，充分利用了公共阅读区空间的各个角落，圆润的倒角让空间无一处尖角，背板是通体发光的透光亚克力。白色书店的重点图书推荐区又名“白云乡”，是用纤细的螺杆悬吊三角形的钢板，于是上面陈列的图书仿佛漂浮在空气中(图 4-42)。这一系列的设计让读者恍如在云中漫步，在云间阅读。这是钟书阁系列书店所独有的一个崭新的体验，一个在纯粹之地自由自在阅读的体验。

图 4-42　白云乡

（四）瓷砖展厅设计

在这个展厅里，瓷砖是绝对的主角。空间里的装置体块用各种常规尺寸的瓷砖组合而成。体块由矮到高、虚实相应，颜色和纹理深浅交织，一个盒状空间里呈现出了丰富的层次递进，进而共同构成了多样的功能区域和观展动线。在内容物丰富的同时，设计者亦注重“盒子”本身与内在形体的关系。墙面的虚实处理与体块之间也产生了多样的情景变化。

大小不一的灰色系体块，在寂静简洁的白色空间里互相交织、穿插、折射……这个空间是展览、装置艺术和建筑的集合体，因为这不仅仅是一个供人观赏的空间，步入其中，观者能获得多样的体验感受。

静止、稳重、节奏、灵动、趣味，看似充满矛盾的观感体验却又和谐地融会在一起，这就是设计者希望创造的体验感。这些充满不确定性的设计，能够具有自己的内在情绪，暗自于空间内流淌。看似平凡的体块元素，但却又极为容易让观者感动和震撼（图4-43）。

图 4-43 瓷砖展厅设计（1）

抛开空间本身带来的感官体验，设计师和瓷砖商向观者还展示了产品本身的多种表现方法（图 4-44）。多样的瓷砖产品被运用于各种体块和墙体的表面，以强调产品在不同形态和环境中的表现力，以及在不同功能空间中得以呈现的实际效果。通过观看和触摸，观者可以感受到材料的品质，进一步突显并强化产品本身与空间设计之间的密切联系。

图 4-44　瓷砖展厅设计(2)

# 第五节　健身娱乐空间设计

## 一、健身娱乐空间的类别

### (一)健身运动空间

健身空间一般由接待区、存储区、更衣间、运动区域、跑道区域、垫上区域、小型练习器械区域、动感单车互动区、卫生间、洗浴间等组成。健身运动空间注重开敞的流动性、穿透性,空间形态以弧形设计为主,使其室内空间所具备的自由与动感、气质与时尚,当然还有意想不到的创意和空间改造。

以昆明酷博健身俱乐部(图 4-45)为例,设计来源于桥梁的桥墩,桥墩架起拥堵城市中的环线,代表力量、坚硬、纯粹、朴实,更多的时候强调城市中人们生活的压力和枯燥,需要一种力量和方式来产生一种当代人的生活方式,从而传递出“动”“静”的力量。在该项目中加入了许多坚硬和挺拔的灰色,以周边竹林相呼应,同时也能起到很好的景化作用,高级灰加钢琴黑绝对有范,当然还很酷,也结合了本案的名字。极致而富有力量的情怀,倡导炫酷、躁动产生的平静,摒弃喧闹,回归纯粹健身房运动的追求。

图 4-45 昆明酷博健身俱乐部

酷搏健身俱乐部的空间排列方式和面积大小适宜,呈现出一种难得的秩序美感,这与高级灰、钢琴黑的色调控制有关,与清水混凝土、塑钢、水泥砖、钢网相互搭配的材质有关,更与当代年轻人想要的新型运动空间有关。

### (二)美容、美发空间

一般美发空间的平面功能分区主要包括前台区、接待区、顾客等候区、剪发区、烫染区、洗发区、冲水区、养发区、员工休息区、产品陈列区、产品仓库区、烫染吧区、设计师 VIP 区、后勤区等。对于这样的特殊空间需求,就需要对家具的选择特别重视,如座椅的高矮、起降、转动、长短、拉伸;洗面盆的选择和设计等。在消费升级的大前提下,空间体验越来越像一种刚性需求。因此,现代时尚的美发厅包括理、剪、染、美容、按摩、美甲等综合性服务,形成美容、美发、养护的新型服务格局。其中美容厅的设计不仅限于头发的美化,还包括面部、身体的美容,空间中会规划出针对性不同的大小美容区域。在美容、美发空间设计中,对于家具的造型、色彩、样式都应随着空间的形态、大小而灵活设计,对于这样的空间照明设计尤为重要,对于基础照明要求光线明亮,不留死角。在 O.N.E Aesthetics 彩妆造型店(图 4-46)项目中,设计师以精致的艺术格调平衡了现代商业潮流,试图在淡漠疏离的城市中唤回失落的美学情怀。时尚的造型与甜美的马卡龙色系碰撞在一起，呈现出唯美浪漫的视觉体验，令整个空间变得清新而有活力，治愈的力量油然而生。让人在装点容貌享受生活的同时，获得内心的恬适与丰盈。

图 4-46　O.N.E Aesthetics 彩妆造型店

门头设计(图 4-47)具有很强烈的视觉冲击力，极简造型的LOGO以英文字母的形式呈现，用灯光营造出凹凸不平的雕刻效果，形成强烈的高级感。白色外立面结合眼影主题的色块，增加了立体的效果，令空间更加灵动有趣，营造出一种甜蜜浪漫的氛围，为人们带来不凡的消费体验。

图 4-47　O.N.E Aesthetics 彩妆造型店

（三）KTV设计

KTV分为量贩式KTV和商务KTV，其主要的功能分区有等候区、前台区、走廊、大中小包间、卫生间、库房、备餐间等。大厅是给消费者的第一印象，是KTV装修设计的关键，设计中一定要宽敞明亮、富有创意。包房设计是整个KTV设计中的难点和重点，是消费者体验的地方。KTV包房为团体顾客（如家庭）而设，设有视听设备、电脑点歌系统及沙发茶几等。其中，大中小包间都要按照一定的比例来分，小包间的使用频率和人群较多，所以小包间通常占所有所间数的48%，中包间占37%，大包间15%，最后1～2间为特大包间。KTV包房尽量不要采用正方形和长宽比例为2∶1的房间形式，因为这类房间易产生声衍射。KTV包间对隔音效果要求相当高，可以采用24砖墙或双层100毫米加气混凝土块隔墙隔音，需要重墙来隔断大声压级声源的干扰，隔墙还要到顶部，以最大效果做到隔音。KTV包房可以采用织物软包达到吸声、隔音的目的，如使用吸音棉、矿棉吸声板等。KTV在设计中包间内需要配备专业的音响设备、三面投影、智能灯光（面光灯、蜘蛛灯、蝴蝶灯、摇头灯）等硬件系统。设计中应把握好设计的引导性原则，所谓引导性是指在空间中运用不同的界面元素指示运动路线，明确运动方向。这些界面构成元素以其不同的形式，联系着一个局部与另一个局部，强调明确方向，引导人们从一个空间进入另一个空间，并为人在空间的活动提供一个基本的行为模式。因此，创意新颖、造型别具一格、色彩搭配合理、灯光绚丽成了我们设计考虑的内容（图4-48）。

（四）歌舞、表演厅

歌舞厅内可进行交谊舞、的士高等娱乐活动，也可以进行乐器演奏、舞蹈表演和歌唱表演等活动。舞厅、表演厅的功能分区为接待区、衣帽间、服务台、座席、舞池、舞台、酒吧台、声光控制室、厨房、卫生间、附属用房等。在座椅的选择上舞池边多以两人、三人组的形式设计，卡座包房多以四人、六人等多种样式组合设计，从而形成大小空间的多样组合和不同尺度的家具组合方式。歌舞厅舞池与休息区一般采取高差的方法来分隔，舞池一般略低于休息区，休息区一般围绕舞池而设，演奏台一般略高于休息区和舞池。劲歌热舞、激情四溢是歌舞厅（图 4-49）的写照；音响强劲、集体共舞、狂欢豪饮是迪斯科的娱乐模式。因此，声光控制室是歌舞厅的声音、视频和照明的控制中心，面积不应小于 20 平方米，位置应在舞台正前方，保证操作人员能通过观察窗直接看到和听到演奏台和舞池的表演情况。舞厅灯具的配置，应考虑各种灯具的性能和用途。歌舞厅的空间还要为扬声器提供合适的位置，便于调试，有利于音响效果的发挥。以舞池为中心，DJ 及领舞为主持，带动全场气氛，让人们共同创造出热烈的氛围。到歌舞厅消费的群体，大多数以年轻人为主。表演厅顾名思义是以表演为主。表演的特色与水平很大程度上决定该场所的吸引力。而通常到表演厅欣赏节目的顾客大都是家人、情侣或三五知己，他们大都是带着观赏、消遣等目的去消费的。

图 4-48　KTV 过道

图 4-49　DJ 舞厅

（五）洗浴空间

生活需要惬意，在繁忙中求得快乐，洗浴有着和人类其他行为一样的文化底蕴，设计师应该倡导和推动整个社会对洗浴事业的重新认识。洗浴中心设计（图 4-50）不仅仅是创造优美的环境，更重要的是让人找到一种意境。在这个空间的规划上，首先分为两种空间需求，一是消费者，二是工作人员，两者在一起既有一定的相隔性，又有一定的相融性。整体功能分区有接待大厅、等候区、收银区、储存区、男洗浴区（更衣间）、女洗浴区（更衣间）、餐厅、休息厅、厨房、卫生间、附属用房（理发、按摩、客房、氧吧）等，具体到洗浴的内容还可以分为淋浴区、蒸汽区、桑拿区、火浴区、盐浴区、坐浴区、搓澡区、瀑布区、矿泉区、冲浪区、牛奶区、红外线蒸干等项目。洗浴设计中对于空间的打造要根据不同的消费者需求打造不同的类型，如针对纯休闲消遣的客人，空间的灯具应该造型柔和，灯光朦胧比较具有轻松气氛的光线来衬托空间；对于商务型消费者灯光的选择要稍亮一些，不需要太多花哨的东西，以舒适为主。洗浴空间设计中色彩搭配要以暖色调为主，突出温馨舒适的空间感受，还要注意色彩与空间功能作用的相互协调，能够给客人营造好的空间氛围。洗浴设计中还要注意细节问题，窗帘是空间中必不可少的部分，对于窗帘的选择可以选择两层窗帘，一层较轻薄，一层比较厚重，能够保护客人的隐私又很美观整洁。

图 4-50　洗浴中心

## 二、娱乐空间的设计

### （一）总体平面规划

娱乐空间的功能组织形式特点具有多样性，很难把它们的内容进行统一。其功能分区应以合理、便于管理为基本原则，分清内管理外营业，按静、动、闹三类活动分区，在动线上要做到简捷流畅，在出入交通部位，明确表达各类活动用房的相对位置关系。平面的功能与整体空间、经营策划是密不可分的，它是否合理很大程度决定了以后经营的成败。它是设计、策划、经营三者的综合体，是项目成功的保证。

KTV 以房间为主，走廊应“曲径通幽”“四通八达”，让“点”与“点”之间的路径有多种可能，令客人有走不尽、看不完甚至有迷失方向的感觉。娱乐会所强调私密性、安全舒适、豪华典雅等。慢摇吧中 DJ 台、领舞台及舞池是全场的中心焦点，应安排在全场都能看到的醒目位置。表演台也不该太大且应设在场中心，吧台则应设置在场的左右两侧。表演厅由于表演出场费用较高，相对面积要大些、座位也要多些，平面布局应丰富、多变化、错落有致。量贩 式 KTV 平面设计讲究的是简洁大方、舒适实用。

（二）装饰风格的设计

娱乐模式的不同，消费群体素质、年龄及身份的差异，导致装饰风格有所区别。设计风格与娱乐模式的相匹配是装饰硬件的重要部分。如在具体设计中夜总会与娱乐会所装饰风格要求较为接近，其接待客人的层次及年龄都较为相似。这类身份的群体大都喜欢高档、稳重、简洁的装饰风格。为达到上述要求，在设计上应选用一些高档、典雅的材料，沉稳的色彩，使整体风格协调统一、高贵大方。慢摇吧与迪斯科舞厅以年轻人为主，时尚、新潮、别致的装饰风格会对他们有一定的吸引力。

（三）灯光氛围的营造

灯光在夜场起着不可忽视的作用。如在灯光昏暗及冷色调的场所中，客人的心情会比较压抑，相反到了灯光较为明亮且以暖色调为主的场所中，人的兴奋度就会提高。在具体设计中要根据不同类型的场所进行具体设计。如夜总会与娱乐会所要求在房间内营造出温馨、舒适、高雅的气氛，以间接光源为主，避免光源直接照射客人的眼睛形成炫光点。茶几、装饰画、工艺品等可用聚光灯照射，以增强艺术氛围。在暖光源为主的环境中要有一点冷光源作对比，避免颜色单调乏味。慢摇吧要求灯光根据不同时段营造出不同的氛围。在开场前段，灯光较为明亮及以暖色调为主，随着时间推延，灯光逐步调暗变冷，到最后只剩下一些LED、光纤等弱光源配合音响效果。为了方便DJ控制全场气氛，应将全场光源控制设在DJ台内，通过电脑统一调节。迪斯科舞厅的灯光大致与慢摇吧相似，但它要比慢摇吧的更暗、更冷一些，虚幻迷离的光源多一些，以配合客人现场的感受。表演吧与表演厅则以暖色光源及间接光源为主，舞台的灯光变化是全场的焦点，造型内的装饰灯、专业的电脑灯与激光灯等都应不断地配合节目表演的内容不同而变化，让客人感觉置身于一个千变万化的场景之中。量贩式KTV则要求灯光变化不大,达到明亮、清晰、温馨、舒适即可。

（四）娱乐活动安全性

娱乐空间中的交通组织应利于安全疏导,通道、安全门等都应符合相应的防灾范围。所有电器、电源、电线都应采取相应的措施保证安全。织物与易燃材料应进行防火阻燃处理,符合公安部《纺织物燃烧性能测定垂直法》(GB5455-85)防火要求,其耗氧指数应大于国家标准。娱乐空间应尽量减小周边环境的不良影响。有视听要求的娱乐空间(如歌舞厅、卡拉OK厅等)应进行隔音处理,防止对周边环境造成噪声污染,符合相应的隔声设计规范;歌舞厅还应防止产生光污染,照明措施应符合相应的法规。我国文化部颁布的两个标准《歌舞厅扩声系统的声学特性指标与测量方法》(WH01-93)和《歌舞厅照明及光污染限定标准》(WH0201-94),作为歌舞厅管理的强制性法规,对歌舞厅的空间环境作了规范性的规定,并据此对歌舞厅进行测定验收。《城市区域环境的噪声标准》(GB3096-82)和《民用建筑隔声设计规范》(GBJ118-88)也规定了歌舞厅的噪声允许水平。

# 第五章 室内设计的色彩搭配

室内设计中的色彩搭配主要是指根据设计的具体要求和设计规律来选择室内色彩的主基调，使色彩在室内环境的空间位置和相互关系中，按色彩的规律进行合理的配置和组合，从而构造出使人惬意的室内环境空间。本章将对室内设计的色彩搭配展开论述。

## 第一节 室内色彩的基本要求与方法

### 一、室内色彩设计的基本要求

在进行室内色彩设计时，首先应明确空间的使用目的。其次考虑设计的空间大小、朝向和设计风格，设计师可以根据色调对空间进行调整。室内色彩的基本要求，实际上就是按照不同的设计对象有针对性地进行色彩配置。统一组织各种色彩（包括色相、明度、纯度）的过程就是配色过程。良好的室内环境色调，总是根据一定的色彩规律进行组织搭配，总体原则应是“大调”和“小调”对比。也就是说，空间围护体的界面、地面、墙体、天花板等应采用同一原则，使之和谐统一，而室内陈设，如家具、饰品，则应成为小面积对比的色彩，只有这样，才能设计出功能合理、符合人生理及心理要求的室内空间效果。

（一）空间的功能、空间的使用目的

在室内色彩设计中，不同空间的功能和使用目的其选色就不同。因此，在选择色彩时要根据各自明显特征的色彩来表现空间的特点。例如，图 5-1 所示的会议室，低明度的原色木质家具与同色系的整体搭配，可以让与会的人理性思考，而现代的透明玻璃窗户又彰显出当代办公空间会议室的时代感。

图 5-1　会议室的设计

（二）空间使用人群

在色彩设计中，应根据不同年龄阶段的人们对色彩进行有区分的运用，以达到各年龄阶段人们的心理需求。比如儿童房的色彩纯度较高（图 5-2）；而医院病房的色彩设计不仅要考虑色彩的识别功能，还要注意色彩对病人心理的影响（图 5-3）。

（三）注意配色与空间环境的关系

室内环境中有多种背景色与物体色的组合，如墙面、地面、顶棚与家具、装饰织物、灯具等形成多层次的色彩环境。在这种复杂的色彩关系中，首先我们需要确定室内的色调（室内色调是指色彩在室内所形成的整体关系，是各部分物体色彩互相配合所形成的色彩倾向）。我们可以选择暖色调、冷色调、鲜艳调、合灰调、明色调、暗色调等作为居室色彩设计的主导，在主导色调的基础上进行色彩的变化。以此为原则，无论是同类色彩搭配、撞色搭配还是补色搭配，都能营造出舒适的视觉效果。

图 5-2　儿童房的色彩设计

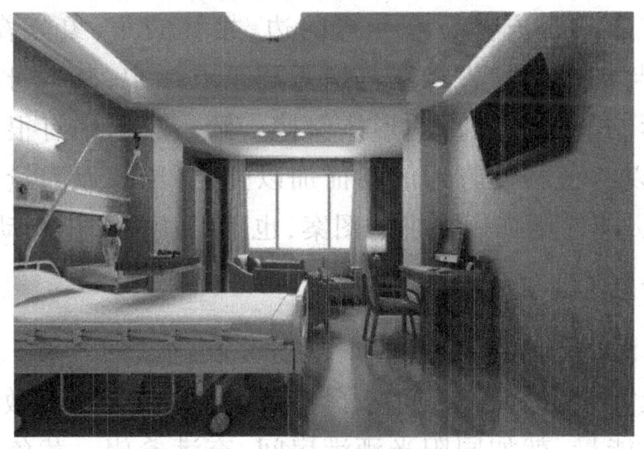

图 5-3　病房的色彩设计

色彩可以大大丰富空间尺度表达的层次。面对尺度大、布局单调的空间，我们可以选择暖色，减少空旷感，选择活泼的色彩有靠近和亲近感；较低矮的空间，要想使室内显得空旷，可选用偏于明快、较冷的色彩拉大空间距离。

不同时代和社会也留下了一定的色彩印迹，并强烈反映在这个时代的主体环境特征中。我们回顾前十年，古典、传统风格成为流行趋势，色彩上主要表现为中性色、蜂蜜色、铜棕色。前几年流行起来的波希米亚风代表的则是不同文化以及不同民族元素的交融，体现这种民族风格的基本色彩就会变得重要起来。

（四）注意配色与造型的基本关系

对于家居产品，与服装不同，人们更注重其功能性。室内的色彩在应用上有其自有的特性，所以如何将流行的趋势更巧妙地应用到我们的家中，就要比服装多考虑一些因素。家居的产品是有形的，在家居装饰中，所有的装饰产品都以各种造型的形态出现，比如方、圆、三角、多边等，方便我们清楚地辨认物体。但单独采用形状却不能取得颜色的表情效果，比如黑背景下的紫色沙发和白背景下的黑色沙发带给我们的遐想空间是不一样的。

1. 红色与正方形的关系

正方形或正方体具有相等的边、相等的角，象征着平稳、重力、规范与标准。如果将红色纳入到正方形中，其本身的特质就同正方形的静止和庄重的形体保持一致。家居中有很多方形的选择，配以红色会使方形的特征加以强化，给人以力量、稳重、规矩的印象，即使增加一些别的图案，也不会让人产生躁动感。

2. 黄色和三角形的关系

三角形的锐角产生一种向上、好斗和进取的效果。人们常常把太阳光定义为黄色，一间房子如果运用黄色天花板做装饰会产生一种正能量，就如同阳光洒满房间，充满希望。黄色是思想的象征，辐射状的三角形同样象征思想，两者甚为相称。

3. 蓝色与圆的关系

同三角形所产生的尖锐紧张感相比，圆产生一种松弛、平易、永恒的运动感，象征着圆满。人们常把蓝色定义为理智的象征，艺术家在完成一幅油画或水彩画作品时，常用普蓝色打底塑性。可以说，蓝色就好比是色彩中的素描，严谨、周详，以不变的规律为创造性的色彩打好基础。因此，不断移动的圆形始终保持着同样的轨迹，正巧与色彩中的透明蓝色相一致，即使在蓝色中添加一点橘色点缀也没有突破圆的范围。所以，圆形的沙发会让一场谈话变得相对理智。

此外，我们同样可为橙色找到梯形、为绿色找到球面三角形等相互对应。当色彩和形状在表达上比较一致时，它们自身的功能效果就会加强。色彩属于情感的层面，形状属于理性控制层面。一个感性的人更趋向于利用色彩表现空间，甚至借用色彩使形状解体；一个相对理性的人更倾向强调形状的空间，并根据形状决定颜色。

在一些大型室内空间，宏伟开阔，人的视觉与装饰物色彩有一定的距离，会产生不同的空间效果。因此，物体色彩一般采用大面积的铺染，色块越大，色感越强烈。其可艳可素、可明可暗，质感可粗可细，可以大大丰富空间的层次，体现不同的艺术风格，如宫廷式的豪华气派、泥土般的自然温情、都市型的宁静永恒等。

若是紧凑型的居民住宅，空间尺度小、距离近，环境相对安静，装饰则应具有较强的具象性和明晰性。这时，色彩要求纯度适中、配合协调，可运用含灰色调达到所追求的视觉感受。

总之，尺度大的空间装饰物色彩应有开阔感、层次感，尺度小的空间应有亲近感、温馨感，以配合舒适生活的需求。另外，不同色彩会产生不同的体积感，如黄色感觉大一些，称为膨胀色。同样体积的蓝色、绿色感觉小一些，有收缩性，称为收缩色。一般来说，暖色比冷色显得大，明亮的颜色比深暗的颜色显得大，周围明亮时，中间的颜色就显得小。

### （五）注意色彩与自然光及气候的关系

不同朝向的房间，会有不同的自然光照，在不同强度的光照下,相同的色彩会呈现出不同的感觉。因此,在进行室内色彩选择时,可以利用色彩的反射率,来改善空间的光照缺陷。

例如,朝东的房间,一天光线的变化最大,与光照相对应的部分,宜采用吸光率高的颜色,深色的吸光率都比较高,如深蓝色、褐色;而背光部分的家具及装饰,采用反射率高的颜色,浅色的反射率高,如浅黄色、浅蓝色。不同的色温折射在不同颜色的材料上也会产生不同的色彩变化,材料的明度越高,越容易反射光线,反则吸收光线。北面房间阴暗,可以采用明度高的暖色,南面房间光照充足,可以采用中性和冷色相。如图 5-4 所示,(a)居室朝北。朝北的房间,温度偏低,日照时间短,屋内比较阴暗,应采用暖色调来增加温馨感。(b)居室朝东西。朝东西的房间,日照变化大,早晚阳光过于强烈,冷色调有清凉感,可用来避免这种炎热感。

(a)　　(b)

图 5-4　居室朝向与色彩

不同的地理位置,光照和温度也不同,我们在进行色彩搭配时,应考虑色彩的选择。温带与寒带的色彩也需要不同的策略,才能最大程度地提高居住空间的舒适感。通常情况下,温带地区炎热的时间长,色彩应以冷色为主,适宜明度较高和纯度较低的颜色;寒带寒冷时间长,色彩以暖色为主,宜采用低明度、高纯度的色彩。不同地区的四季变化不同,可以采用不同的色彩布置,增加舒适感。如图 5-5 所示,(a)图中暖色调的沙发给人温暖、舒适的感觉，适合冬天使用。（b）图中冷色调的沙发给人凉快、清爽的感觉，适合夏天使用。也可根据季节的特点来改变室内陈设的颜色，从而调节室内空间的氛围。例如，冬天采用热烈、暖色调的装饰，夏天采用清凉、冷色调的装饰，这都是室内色彩与气候呼应的手段。

（a）　　　　（b）

图 5-5　家具的色调

值得注意的是，色彩与环境的关系十分密切，如色彩的反射可以改变其他物体或空间的颜色。与此同时，室外的自然景物也能通过窗户反射到室内。因此，设计师在设计时需要尽可能选用与周围环境协调的色彩（图 5-6）。

图 5-6　室内色彩设计与环境相互协调

## 二、室内色彩设计的方法

### （一）确定色调

室内色彩选择首先应确定空间的色调，因为空间的冷暖、氛围、个性都可以通过色调表现出来，在此基础上再考虑局部的适度变化。在室内设计中的色彩主要有背景色、主色调、配色调以及点缀色。

1. 背景色

在室内空间中占据最大面积的色彩被称为背景色。背景色多是由墙面、天花板、地板组成，因而背景色引领着整个室内空间的基本格调，奠定了室内空间的基本风格和色彩印象。因为背景色的面积较大，因此多采用柔和的色调，阴暗或浓烈的颜色不宜大面积使用，可用在重点墙面上。长期处于阴暗或浓烈的室内空间氛围中，会对人的生理和心理产生负面影响。

在同一室内空间中，家具颜色不变，更换背景色就可以改变室内空间的整体色彩感觉。在墙面、天花板、地面这三个界面中，因为墙面处于人的水平视野，占据了绝大多数的目光，是最引人注意的地方，所以改变墙面的色彩会直接改变室内空间的色彩感觉。如图 5-7 所示，(a)图中深色的背景色给人浓郁、华丽的空间氛围；(b)图中高纯度的背景色给人热烈、刺激的空间氛围；(c)图中淡雅的背景色则会带给给人舒适、柔和的空间氛围。再如图 5-8 所示，(a)图以深蓝绿色作为背景色，使得室内空间色彩浓，同时，空间也具有收缩性，注意这种深色只能作为重点色使用，还要搭配其他的柔和颜色，才会让整个室内空间显得明快、愉悦。(b)图以浅米黄色作为背景色，使室内空间舒适且柔和，给人和谐放松的感觉，适合大面积使用。

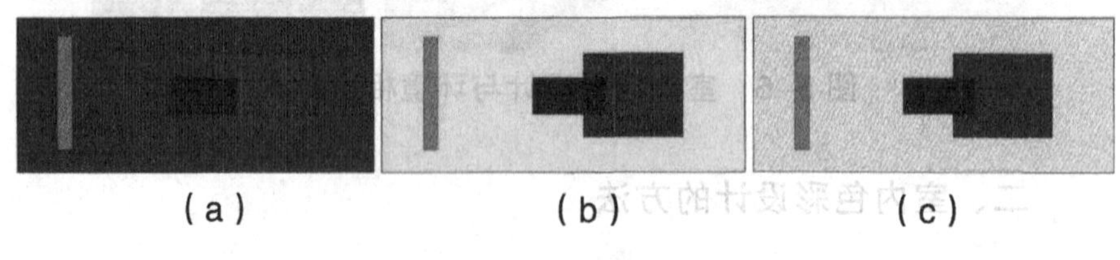

(a)　　　　(b)　　　　(c)

图 5-7　背景色

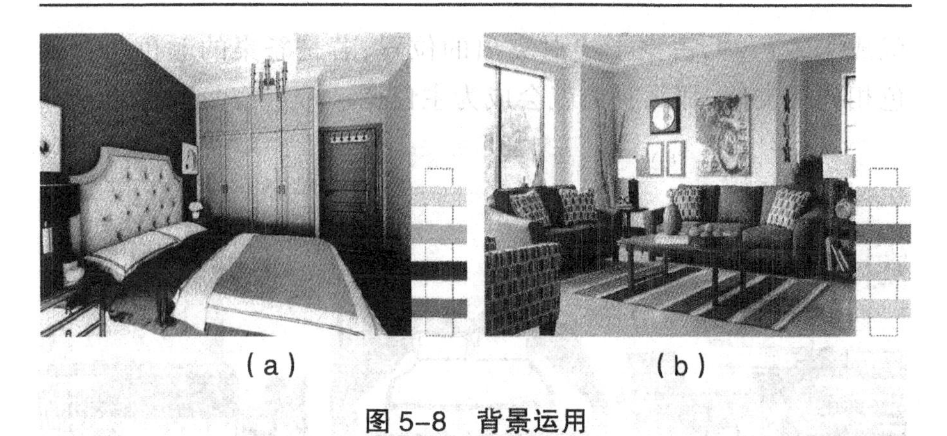

(a)　　　　　　　　(b)

图 5-8　背景运用

2. 主色调

主色调通常是指在室内空间中的大型家具、大面积织物或陈设,如沙发、床、餐桌等的色调。它们是空间中的主要组成部分,占据视觉中心,主色调可以引导整个空间的风格走向。如图 5-9 所示,(a)图大面积为背景色;(b)图中等面积的为主色调;(c)图面积过小的为点缀色。

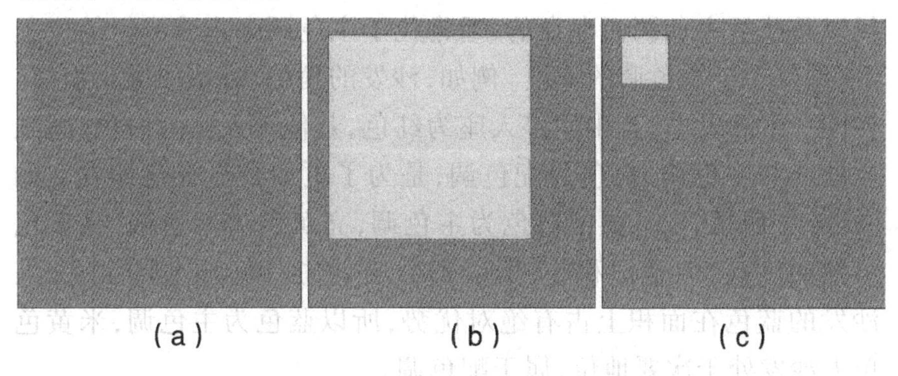

(a)　　　　　　(b)　　　　　　(c)

图 5-9　主色调

主色调并不是绝对性的,不同空间的主色调各有不同。主色调的组合,根据面积或者色彩也有主次的划分,通常情况下,建议在大面积的部分采用柔和的色彩。如图 5-10 所示,(a)图的客厅中的主色调是沙发。在客厅中,沙发占据了视觉中心和中等面积,是大多数客厅空间的主色调。(b)图的在卧室中,床是绝对的主色调,具有无法取代的中心位置。(c)图的在餐厅中,餐桌就成为主色调,占据了绝对突出的位置,若是餐桌的颜色与背景色相同或类似,那么餐椅就会成为主色调。

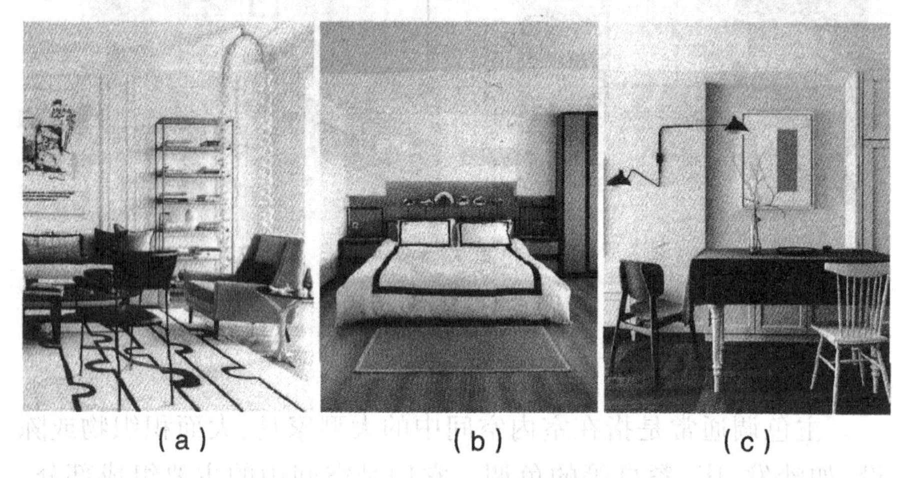

(a)　　(b)　　(c)

图 5-10　主色调应用

3. 配色调

空间的基本色是由主色调和配色调组成的。配色调是为衬托以及凸显主色调而存在的,通常位于主色调旁边或成组的位置上,是仅次于主色调的陈设。例如,沙发的角柜、卧室的床头柜等。在同一组沙发中,若中间多人座为红色,其他单人座为白色,则红色就成为主色调,白色为配色调,是为了更加凸显红色沙发。如图 5-11 所示,(a)图中白色为主色调,亮黄色为配色调,亮黄色虽然明度高,但是面积小,所以不会压制住白色。(b)图中三人沙发的蓝色在面积上占有绝对优势,所以蓝色为主色调,米黄色单人沙发处于次要地位,属于配色调。

配色调就是要在统一的前提下,保持一定的配色调色彩差异,既能够凸显主色调,又能够丰富空间的视觉效果,增加空间的层次。如图 5-12 所示,(a)配色调与主色调相近,整体的空间氛围略显松弛;(b)配色调与主色调之间存在明显的明度差和纯度差,显得主色调鲜明、突出。

(a)　　　　(b)

图 5-11　主色调与配色调

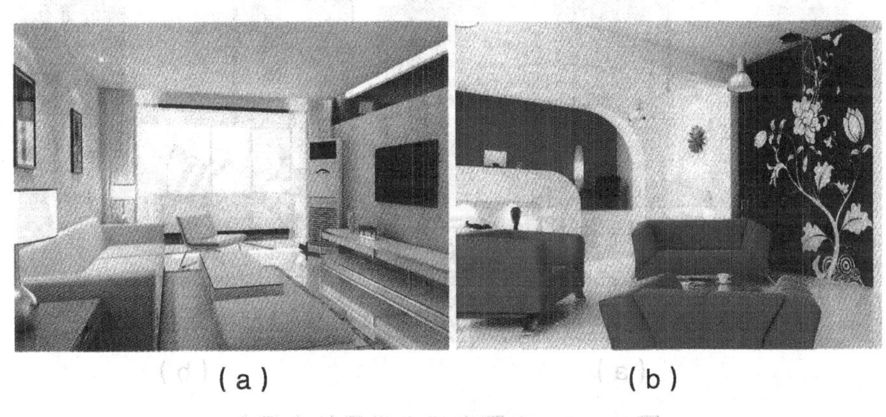

(a)　　　　(b)

图 5-12　配色调应用

图 5-13 所示为配色调搭配比例，(a)图中橙色为主色调，搭配相近色；(b)图中提高两者的色相差；(c)图中为对比色，更加凸显了橙色；(d)图中四种色彩的搭配；(e)图中配色调面积超过主色调；(f)缩小配色调面积，凸显主色调。

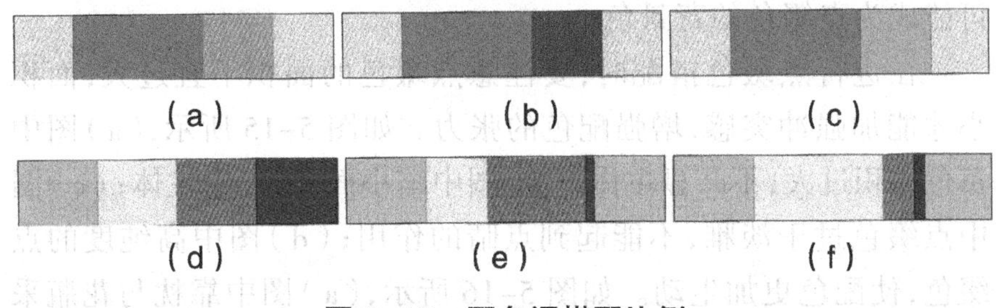

(a)　(b)　(c)

(d)　(e)　(f)

图 5-13　配色调搭配比例

4. 点缀色

点缀色是指在室内空间中体积小、可移动、易于更换的物体颜色,例如灯具、抱枕、摆件、盆栽等。点缀色能够打破配色单调,起到调节氛围、丰富层次感的作用,成为空间的点睛之笔,是最具有变化性和灵活性的配色。如图 5-14 所示,(a)图的点缀色为花卉,(b)图的点缀色为装饰画与摆件。

(a)

(b)

图 5-14 家居空间中常见的点缀色

点缀色在进行色彩选择的时候,通常选择与所依靠的主体具有对比感的色彩,以此来制造生动的视觉效果。如果主体的氛围足够活跃,为了追求稳定感,点缀色可以与主体颜色相近。在不同空间位置上,相对于点缀色而言,背景色、主色调或是配色调都可能成为点缀色的背景色。

在进行点缀色搭配时,要注意点缀色的面积不宜过大,面积小才能加强冲突感,增强配色的张力。如图 5-15 所示,(a)图中黄色面积过大,不凸显主体;(b)图中缩小面积,突出主体;(c)图中点缀色过于淡雅,不能起到点睛的作用;(d)图中高纯度的点缀色,使配色更加生动。如图 5-16 所示,(a)图中靠枕与花瓶采用了高纯度的黄色,打破了原本室内空间的单调,增添了活力;(b)图中绿色的植被与整体色调成对比色,具有强烈的对比感,丰富了空间的层次。

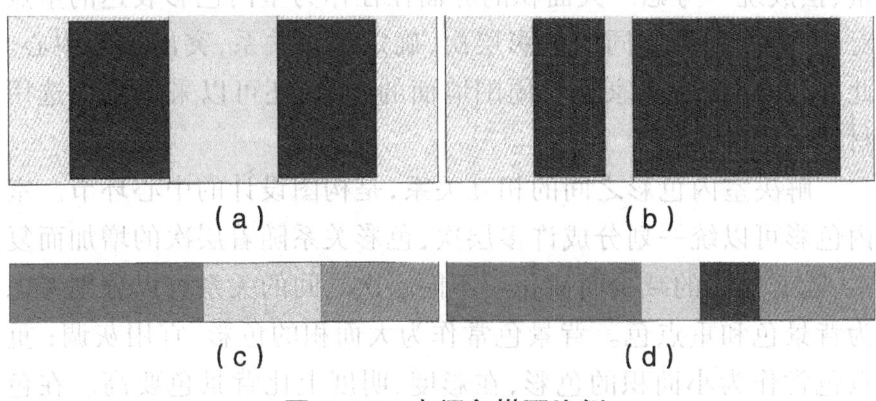

(a) (b)

(c) (d)

图 5-15 点缀色搭配比例

(a) (b)

图 5-16 点缀色的应用

总体来说,设计者可以通过色彩语言表达出想要表现的环境氛围,是典型还是奢华,是恬静还是淳朴,经过仔细地鉴别和挑选,对心理和情感反应造成不同程度的影响。

（二）做到色彩统一

考虑到职业、地位、文化程度、社会阅历、生活习惯等方面的不同,形成了千差万别的审美情趣。尽管如此,室内设计在室内色彩的选择方面还是有规律可循的。色调确定以后,我们就应该考虑色彩的施色部位及其比例分配。在室内设计方面,大致可以分三个部分去考虑。居室的天花板、墙面、地板等方面统一考虑;

从卫生间、厨房、客厅、卧室、阳台的布局考虑；从家具、陈设的数量、摆放统一考虑。大面积的界面往往作为室内色彩表达的重点对象，可以根据不同的色彩层次，确定层次关系，突出视觉中心。此外，还应该考虑家具与周围墙面的关系，还可以采取统一选用材料来获得统一。

解决室内色彩之间的相互关系，是构图设计的中心环节。室内色彩可以统一划分成许多层次，色彩关系随着层次的增加而复杂，随着层次的减少而简化。不同层次之间的关系可以分别考虑为背景色和重点色。背景色常作为大面积的色彩，宜用灰调；重点色常作为小面积的色彩，在彩度、明度上比背景色要高。在色调统一的基础上可以采取加强色彩力量的办法，即重复、韵律和对比强调室内某一部分的色彩效果。室内的趣味中心或视觉焦点重点，同样可以通过色彩的对比等方法来加强它的效果。

### （三）处理好色彩的关系

对于色彩关系的处理，设计师们在设计时要运用好以下几种方法。其一，相同色彩的重复再现，彼此间相互呼应。例如，白色的墙面衬托出红色的沙发，而红色的沙发也衬托出白色的靠垫，这种色彩图底的互换性，既呼应了基色，又统一了整体的画面。其二，色彩有节奏地再现。色彩有规律地跳跃，容易引起视觉上的节奏感。墙上的一组壁画、沙发上的一组抱枕、角落的一束盆栽都可以采用相同的色块取得联系，营造出富有节奏感的室内氛围。其三，强烈的对比色必不可少。采用色相对比、明度对比、饱和度对比等色彩对比手段，其目的都是为了达到室内协调统一的效果。

# 第二节 室内色彩设计搭配原则与方法

## 一、室内色彩设计搭配原则

### (一)整体色调要和谐

进行室内空间配色的时候,在没有明确主色调的情况下,整个配色设计是趋于和谐的。这就形成了两种配色走向——突出型与融合型。如图5-17所示,(a)图为突出型配色,主角色强势有力;(b)图为融合型配色,整体色彩差异小。

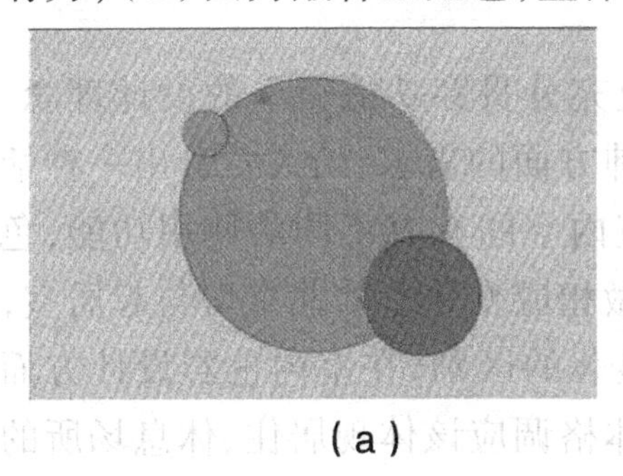

(a)

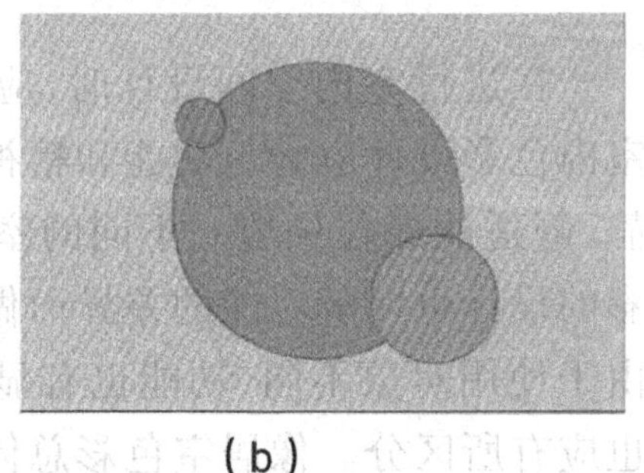

(b)

图5-17 两种配色走向

突出型配色与突出主色调的基本方法一致,采用对色彩属性的改变和控制来达到融合的目的。突出型配色要增强色彩对比,融合型配色则是要削弱色彩对比。如图5-18所示,(a)图中暖色的沙发与冷色的边柜、茶几虽然是对比色的搭配,但是因为明度相近,体现出融合的感觉;(b)图中采用米色、土橘色、深咖色等,相当于类似型的配色,整体的空间氛围趋向于平和、宁静。

(a)

(b)

图 5-18　两种配色走向的应用

（二）形式服从于功能的需求

在进行室内空间设计时，应充分贯穿功能至上的设计理念。室内色彩设计应满足功能和精神方面的需求，给人营造出一种恬静、舒适的居住环境。不同的室内空间有着不同的使用功能，色彩的设计也要随功能的差异而做相应变化。如儿童房与起居室，由于使用对象不同，功能也有显著的区别，在室内色彩设计方面也应有所区分。像居室色彩总体格调应该体现居住、休息场所的特点，以平静、淡雅为主基调。而室内的娱乐休闲室，色彩可以活泼些，以中性色为主，局部小面积可以用一些纯度较高的色彩。

（三）融入生态空间理念

在室内色彩搭配中，将自然色彩融入设计中是一种全新的生态理念。比如室内设计中利用鲜活的植物不但可以在室内创造自然色彩的气氛，还可以有效地加深人们与自然的亲密接触。为了更好地相拥自然，室内设计师常常在材料上运用大理石、花岗岩、原木等天然材质，加之盆栽等纯天然装饰物，能给人一种自然、亲切之感。如图 5-19 所示的窗户、楼梯都以天然木质材料进行设计，本色的材质之美与现代的钢筋混凝土的空间形成鲜明对比。如图 5-20 所示的餐厅设计,利用可循环再利用无污染的材料,结合替代型可再生能源的设计,真正实现了“绿色设计”。空间室内设计不需要珠光宝气,而是要正确地使用材料,合理地突出材料的特质,调动艺术手段创造出美的环境、美的气氛,创造出与众不同的个性空间。

图 5-19 楼梯设计

图 5-20 餐厅设计

（四）设计中贯穿构图思维

在进行室内色彩配置时,首先要考虑空间构图的特点,正确处理协调与对比、统一与变化、主体与客体的关系,真正发挥色彩对室内空间的美化作用。在进行室内色彩设计时,第一步要定好空间色彩的主色调。形成室内色彩主色调的因素很多,但主要取决于色彩的明度、纯度和对比度。其次要处理好统一与变化的关系，在统一的基础上寻求变化，在变化中寻找统一，形成具有一定韵律感、节奏感和稳定感的室内空间色彩。在选用室内色彩时，不宜大面积采用过分鲜艳的颜色，高纯度的色彩仅限于小面积的色块。为达到室内色彩的稳定性，最好遵循上轻下重的色彩关系，在变化中寻求统一。

## 二、室内色彩搭配的方法

### （一）男性的室内色彩搭配方法

男性房间的颜色大多比较寡淡，黑色、灰色、冷色的蓝色以及厚重的暖色等都可以作为男性房间的代表色。尤其是在现代风格的设计中，男性的房间常常将黑色或者灰色作为房间的基础色。图 5-21 所示为男士暗调配色应用，图 5-22 所示为男士商务配色应用，图 5-23 所示为男士时尚配色应用。

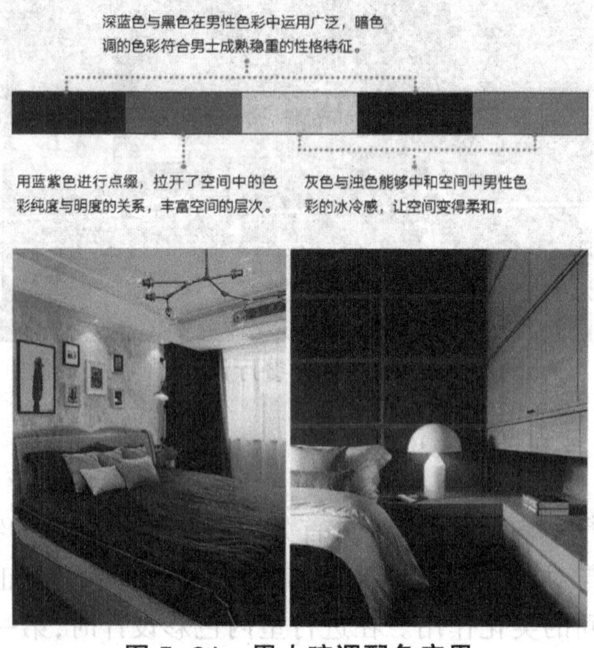

深蓝色与黑色在男性色彩中运用广泛，暗色调的色彩符合男士成熟稳重的性格特征。
用蓝紫色进行点缀，拉开了空间中的色彩纯度与明度的关系，丰富空间的层次。
灰色与浊色能够中和空间中男性色彩的冰冷感，让空间变得柔和。


图 5-21　男士暗调配色应用

灰色系既不会让人感到沉闷，也不会太过亮眼，将灰色与黑白色搭配起来，时尚高级。

黑色中和了灰色端庄的气质，符合男性帅气随性的个性，精致典雅。

白色与灰色的搭配会让整体有非常干净的视觉效果，简欧风格中常常会见到这种搭配。

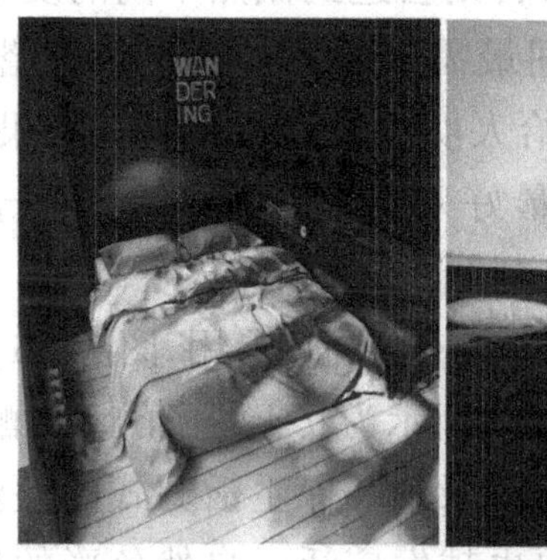

图 5-22 男士商务配色应用

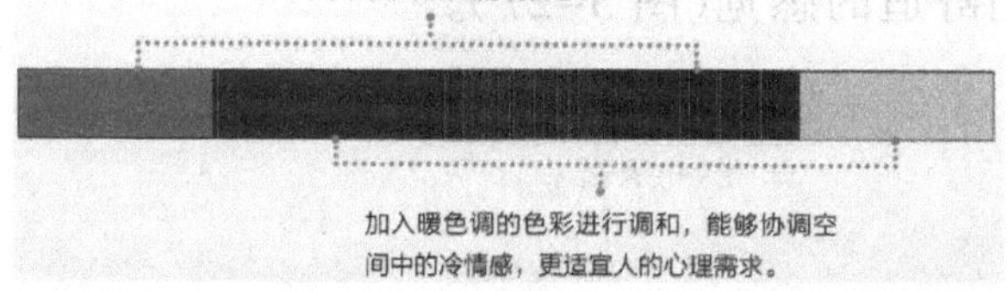

深蓝色与暗灰色的搭配让人耳目一新，具有非常强烈的现代感。
加入暖色调的色彩进行调和，能够协调空间中的冷情感，更适宜人的心理需求。

图 5-23 男士时尚配色应用

（二）女性的室内色彩搭配方法

女性房间的配色，或优雅或妩媚，常常通过淡雅的暖色和紫红色来展现女性柔媚、温柔的印象。除了紫色、粉色、紫红色和红色等能代表女性色彩之外，橙色、橘黄色、橘红色等加入白色、冷色或者灰色也能表现不同女性的性格气质。

女生房间应以简约、温和为主，要注意把握整体的风格和装饰，能给女性的生活和习性带来很大的影响。要明确房屋的布局，不要过分追求细节与效果，否则会达到截然不同的反效果。

一般情况下，女性房间最需要注意的就是色彩搭配的问题。颜色搭配的亮丽多彩，会给人明亮开朗的感觉；如果阴沉昏暗，则会让人感到抑郁烦闷。最好采用暖色调的色彩进行搭配，如粉红色、紫红色，能够给女性房间带来很多优势。

图 5-24 所示为女士优雅的室内配色应用，图 5-25 所示为女性干练的室内配色应用；图 5-26 所示为女士烂漫的室内配色应用。

值得注意的是，人们对于绿色环保生活方式的关注度越来越高，自然色彩的运用在室内也越发广泛。自然色彩的搭配利用了土地、蓝天、草、树等自然中的颜色，表现出朴素、田园的风格，能够带给人们舒适的感觉（图 5-27）。

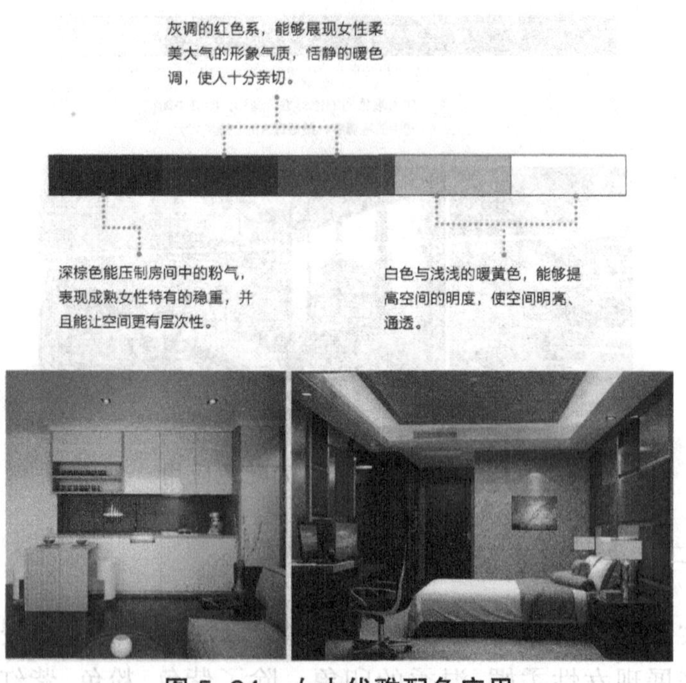


图 5-24　女士优雅配色应用

橙色与黑色搭配在一起非常干脆利落，具有冲击性，是现代女性非常喜爱的一种搭配。

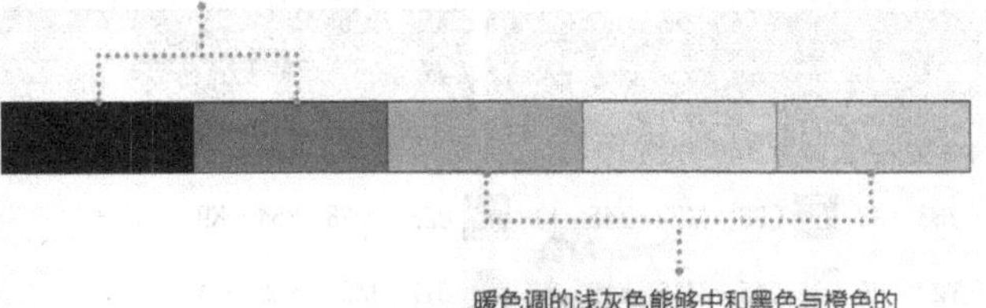

暖色调的浅灰色能够中和黑色与橙色的刺激感，透露出女性的典雅与干练。

图 5-25　女士干练配色应用

烂漫常常代表着浪漫与纯真，偏暖的蓝绿色与暖红色，能够营造轻松愉悦的氛围。

白色与原木色能够增添自然感，能让空间中充满柔和的氛围。

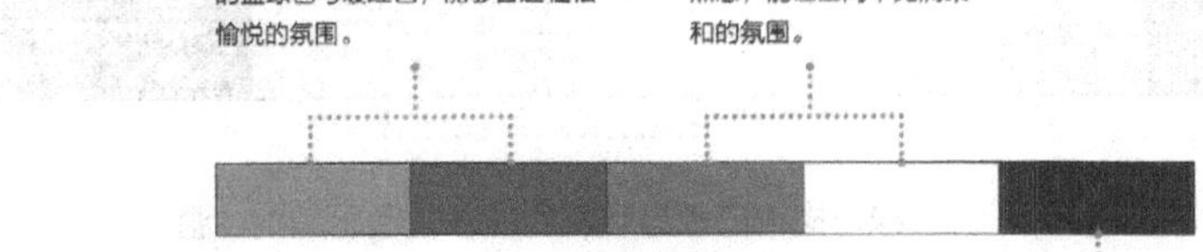

深色能够增加空间中的层次感，而且能够增加稳重感，是必须要用到的颜色。

图 5-26　女士烂漫配色应用

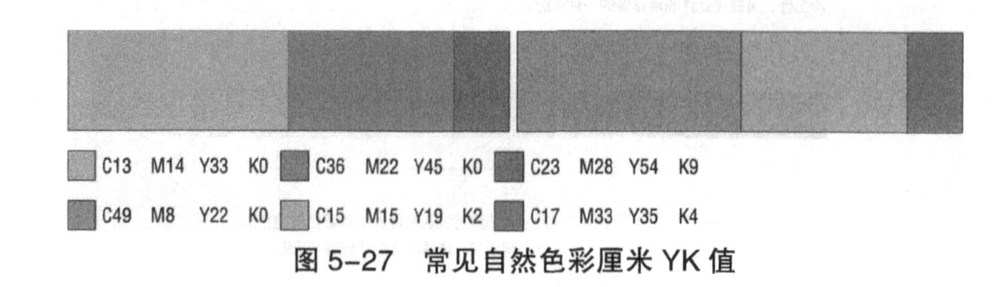


图 5-27 常见自然色彩厘米 YK 值

（三）儿童的室内色彩搭配方法

色彩能够对人的生理和心理产生一定的影响。合理的室内色彩搭配能对儿童的成长产生积极影响，所以在对儿童房进行色彩搭配时，除了要注意男孩与女孩的性格区分外，还要注意颜色搭配的科学合理。图 5-28 所示为儿童环保配色应用，图 5-29 所示为女童主题配色应用，图 5-30 所示为男童主题配色应用。

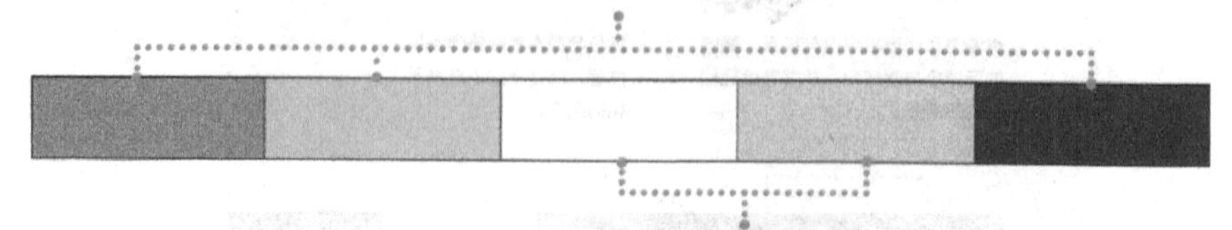

绿色是一种既环保又健康的颜色，绿色是最能够让眼睛得到保护的颜色，不同明度与纯度的绿色，让空间层次非常丰富。
绿色搭配白色与暖灰色能够营造出清爽、温馨的感觉，适合年纪较小的青少年使用。

图 5-28 儿童环保配色应用

深色能够压制住空间中漂浮的浅色，增加空间中的层次感。

白色与粉色的搭配具有明快而亮丽的感觉，会让空间开阔且明亮，少女气息十足。

灰调的浅紫色具有优雅精致的气质，能满足小女孩对于小公主的可爱幻想。

图 5-29 女孩主题配色应用

蓝色与黄色是经典动画形象小黄人的代表色，男孩子在小的时候都存在一定的个人英雄色彩，选择一个孩子喜爱的卡通形象作为主题进行房间色彩设计是非常好的方法。

白色与浅淡的蓝色系是为了丰富空间的层次感，也能够让空间张弛有度，突出主题。

图 5-30 男孩主题配色应用

（四）老年人的室内搭配方法

随着年龄的增长，老年人对部分色彩不会太敏感，这是因为人在40岁以后，眼球晶体会逐渐出现“黄化”的现象，对于色彩的感知能力也开始逐渐下降。例如，大部分中老年人对明度对比弱的辨别能力变差。老人的房间色彩设计除了要照顾老人自己的喜好之外，还需要针对色彩视觉特征，选用明度对比高的色彩搭配，颜色以暖色为主，不要大面积使用反光元素等。图5-31所示为老年人明度配色应用，图5-32所示为老年人暖色配色应用。

深红色的木地板在老人房间中经常使用，其稳重且亲近自然的质感深受欢迎。

黑色与棕色是中式风格中经常使用到的颜色，清晰明了的色彩非常适合老年人使用。

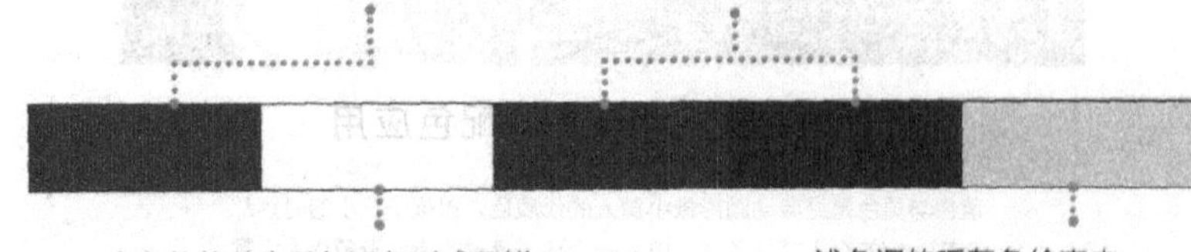

白色的软装家具与深色形成了鲜明的对比，高明度差的色彩能够让老人轻松辨别。

浅色调的暖黄色给室内带来温暖舒适的感觉，能够让人放松身心。

图5-31　老年人明度配色应用

暖色系的灰色调和深色调适合
老人居住，透出古朴的气质，
温和宜人。
白色的明度最高，能够与其他
色彩拉开差距，分清边界，减
轻老年人辨别颜色的负担。


图 5-32 老年人暖色配色应用

## 第三节 室内色彩的心理功能

### 一、室内设计中色彩的性格体现

色彩具有极强的视觉张力与表现力，正因为它的这种多样性与复杂性，使得它在艺术表现形式上有着极为丰富的性格表现。人的性格，是一种比较抽象的表现，具有极为复杂的性格因素，往往是通过一些特殊事件，或者有代表性的沟通形式展现出来。而色彩的性格，与其说是色彩本身的性格，不如说是人在体验色彩带来的视觉感受时，赋予色彩的性格体现。

#### （一）红色

红色的视觉穿透力较强，有着较高的感知度。它容易让人联想到太阳、火焰、血液、朝阳等相关的事物。而这些事物给人的感觉往往和饱满、热情、温暖、兴奋等情绪相关。同时，血液的颜色也是红色，所以红色在某些时候也会被认为是原始的、暴力的、危险的象征。在我国，红色历来是传统的喜庆色彩，而深红色或是明度较低的红色则会给人庄严、稳重而有热情的感觉，所以在欢迎贵宾时，这几种红色较为常见。与之相反，明度较高的红色，比如粉红色，则有着甜美、柔和、梦幻的视觉感受，所以这种颜色几乎成为女性专属的颜色。红色运用于室内装饰可以大大提高空间的注目性，从而使室内空间产生温暖、热情、自由奔放的感觉（图 5-33）。粉红色（图 5-34）和紫红色是红色系列中最具浪漫和温馨特点的颜色，较女性化，可使室内空间产生迷情、靓丽的感觉。

图 5-33　红色在室内设计中的运用

图 5-34　粉红色在室内设计中的运用

（二）黄色

黄色是所有色彩中色相明度较高的颜色，色彩具有轻快、光明、希望、辉煌等印象。因为黄色的明度较高，所以显得过于明亮，与其他色彩相混时极易失去其原貌。黄色一旦混入其他颜色降低明度，则会出现较为平和的视觉效果。比如含白色的淡黄色给人感觉平和温柔，而含有大量淡灰色的米色则是让人感到很舒服的休闲颜色。黄色与金色和橙色搭配，会产生非常华丽的视觉效果。黄色是室内设计中的主色调，可以使室内空间产生温馨、柔美的感觉（图 5-35）。

**图 5-35　黄色在室内设计中的运用**

（三）绿色

在自然界中，除了天空、土地、海洋、江河的颜色之外，几乎所有常见的植被都是绿色的。正因为这种生长的特性，赋予了绿色生命的寓意。绿色是最适合人眼注视的颜色，能够有效消除视觉疲劳，调节视觉功能。鲜活的正在生长期的植物通常都是绿色的，所以绿色也象征着青春、活力、新鲜等。不同的绿色给人的感觉是不同的，比如掺入了黄色的绿色，象征着春天的颜色；而深绿等颜色，则是夏天植物的颜色；而含有灰色的绿色如橄榄绿、墨绿等，则给人以成熟老练的感觉。绿色运用于室内装饰可以营造出朴素简约、清新明快的室内气氛（图 5-36）。

图 5-36　绿色在室内设计中的运用

很多人认为绿色不适合用在商务场所中，其实只要掌握色彩基本属性以及搭配得当，绿色可以用在任何场合。青色和黄色的搭配，这两种明度差较大的色彩形成了一种独特气质的搭配，低明度的青绿色使得整体显得稳重可信，而黄色则可以打破整体沉闷平淡的感觉，对商业空间来说是个不错的搭配。

（四）蓝色

蓝色是典型的冷色，具有沉静、冷淡、理智、忧郁等含义。浅蓝色系明度较高，在视觉上更为活泼，为年轻人所钟爱。而深蓝色系沉着、稳定，是中年人普遍喜爱的颜色。在我国一些少数民族地区，蓝色也成为民族文化中特有的色彩。例如普蓝色，这种存在于蜡染技术中较为典型的颜色，就是民族文化色彩的局部体现。另外，加了灰色的蓝色，则象征着犹豫、不安和阴郁。蓝色运用于室内装饰可以营造出清新雅致、宁静自然的室内气氛（图 5-37）。

图 5-37 蓝色在室内设计中的运用

（五）紫色

紫色其实是暖色红色和冷色蓝色混合而成的颜色，所以这种颜色的冷暖，大多数时候要看红色和蓝色所占比例的多少。当红色所占比例多时，整体色调倾向于暖色，而当蓝色所占比例多时，整体色调就会偏冷一些。这种由冷暖两种颜色混合而成的间色，具有神秘、高贵、奢华的气质，在以往是贵族非常喜爱的颜色之一。紫色配以金色和银色，会呈现既庄重又华贵的视觉感受。紫色运用于室内装饰可以营造出高贵、雅致、纯情的室内气氛（图 5-38）。

图 5-38　紫红色在室内设计中的运用

（六）白色

白色给人的感觉通常是整洁、光明、清白、朴素、卫生、恬静等。在白色的衬托下，其他色彩会显得更鲜丽、更明朗。如果大面积使用白色，还可能产生空旷、空乏之感。白色在一些少数民族文化中是很神圣的颜色，象征纯洁、圣洁。白色运用于室内装饰可以营造出轻盈、素雅的室内气氛（图 5-39）。

（七）褐色

褐色是大地和树干的颜色，这种颜色给人以沉稳的感觉。褐色是中性色，它与鲜艳的暖色系搭配在一起会给人以活泼、温暖的感觉，与冷色系搭配在一起会给人以沉闷、沉静的感觉。中国传统室内装饰中常用褐色作为主调，体现出东方古典文化的魅力（图 5-40）。

图 5-39 白色在室内设计中的运用

图 5-40 褐色在室内设计中的运用

（八）灰色

灰色是无彩色，通常给人的感觉是阴沉。当一种纯色中混入了灰色，就会降低这种纯色的明度。如果调配比例合理，会形成一种很高雅的色系，叫作高级灰。但如果调配不好，就会让画面产生肮脏、不净的感觉。灰色和银色在某些时候会看起来很相似，为了方便区分可以这样理解：带有金属光泽的是银色，不具备金属光泽的是灰色。灰色运用于室内装饰可以营造出宁静、柔和的室内气氛（图 5-41）。

（九）黑色

黑色为无色相、无纯度之色。它往往给人的感觉是沉静、神秘、严肃、庄重、含蓄。另外，它也易让人产生悲哀、恐怖、不祥、沉默、消亡、罪恶等消极印象。黑色的组合适应性极广，无论什么色彩特别是鲜艳的纯色与其相配，都能取得赏心悦目的良好效果。但是黑色不能大面积使用，否则不但其魅力大大减弱，而且会产生压抑、阴森的恐怖感。黑色运用于室内装饰可以增强空间的稳定感，营造出朴素、宁静的室内气氛（图 5-42）。

图 5-41　灰色在室内设计中的运用

图 5-42　黑色在室内设计中的运用

（十）金色

金色富丽堂皇，象征荣华富贵、名誉忠诚。它与其他色彩都能配合。小面积点缀金色，具有醒目、提神作用；大面积使用金色则会产生过于炫目的负面影响，显得浮华而失去稳重感。在室内设计中，金色如若巧妙使用、装饰得当，不但能起到画龙点睛的作用，还可产生强烈的高科技现代美感（图 5-43）。

图 5-43　金色在室内设计中的运用

## 二、前进色与后退色

前进色是指在同一平面上，比其他颜色看起来更靠近眼睛的颜色。高纯度、低明度、暖色相的色彩是前进色（图 5-44）在图 5-44 中，（a）图为暖色，（b）图为高纯度，（c）图为低明度。后退色是指在同一平面上，比其他颜色看起来更远离眼睛的颜色。低纯度、高明度、冷色相的色彩是后退色。（图 5-45）。在图 5-45 中，（a）图为冷色，（b）图为低纯度，（c）图为高明度。

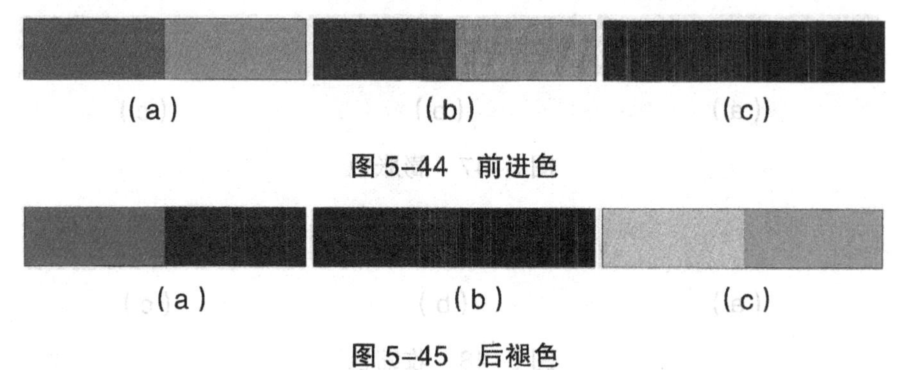

(a)　(b)　(c)

图 5-44　前进色

(a)　(b)　(c)

图 5-45　后褪色

在图 5-46 中，（a）图使用橙色作为墙面颜色时，具有前进感，空间内会显得紧凑，故前进色适合用在空旷的空间。（b）图使用蓝色作为墙面颜色时，具有后退感，墙面会有收缩感，故后退色适合用在狭小的空间。

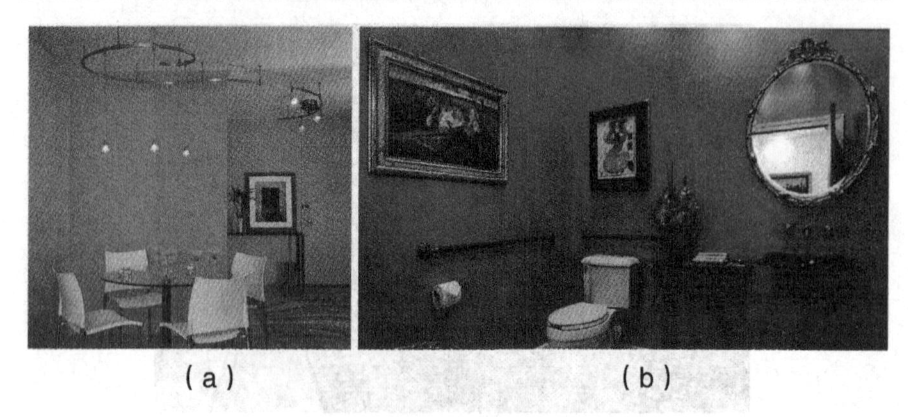

(a) (b)

图 5-46 前进色与后退色的应用

## 三、膨胀色与收缩色

膨胀色可以使物体的视觉效果变大，暖色相、高纯度、高明度的色彩都是膨胀色，例如，红色、橙色等。图 5-47 所示为膨胀色，其中(a)图为暖色，(b)图为高纯度，(c)图为高明度。收缩色可以使物体的视觉效果变小，冷色相、低明度、冷色相的色彩属于收缩色，例如蓝色、蓝绿色等。图 5-48 所示为收缩色，其中(a)图为冷色，(b)图为低纯度，(c)图为低明度。

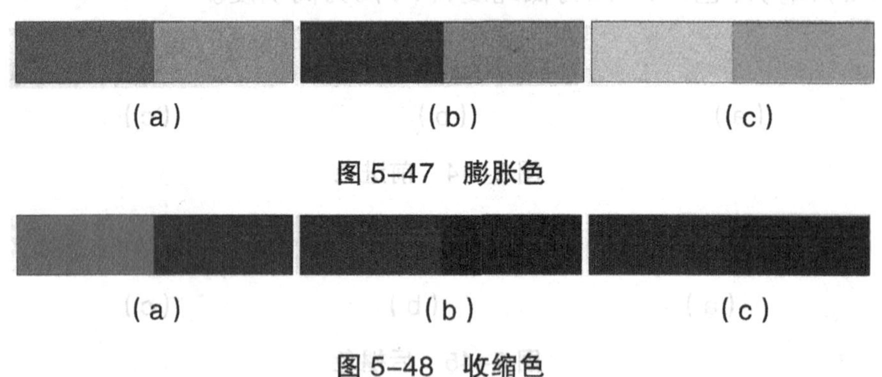

(a) (b) (c)

图 5-47 膨胀色

(a) (b) (c)

图 5-48 收缩色

色彩的体量感与明度有关，明度越高，膨胀感越强；明度越低，收缩感越强。色彩的体量感与色相、色度有关。一般地说，暖色、明度高的色具有扩大感。冷色、明度低的色多具有缩小感，当色度增强时，扩大感亦增强。

红色系中像粉红色这种明度高的颜色为膨胀色，可以将物体放大。冷色系中明度较低的颜色为收缩色，可以将物体缩小，类似深蓝色这种低明度的颜色就是收缩色，所以深蓝色的物体看起来比实际小一些。在室内空间中，合理运用好膨胀色和收缩色就可以将室内空间变得宽敞明亮。例如，红色或粉色的沙发看起来很占空间，房间感觉变得狭小、有压迫感；而黑色沙发看上去则要小一些，让人感觉空间比较充足。如图 5-49 所示，(a)图的红色沙发为暖色相，具有膨胀的作用，让室内空间非常饱满。(b)图无彩色，黑色是明度最低的颜色，具有收缩的感觉，让室内空间感觉宽敞。

(a)　　　　(b)

图 5-49　膨胀色与收缩色的应用

实验表明，当色彩相同时，面积大的往往会感到比面积小的色彩度增强，故在室内设计中可以利用色彩的这一性质，来改善空间效果，如大面积着色时多选用收缩色，而小面积着色可用膨胀色，这样可以起到重点突出的作用。在室内设计时，常利用色彩的膨胀与收缩的作用来改善室内空间结构的不良状况。如客厅中柱子又粗又大，比例不合适，就可利用深色饰面材料来加以改善，使之在感觉上变得细些。如柱子过细时，又可用明亮的浅色或暖色来饰面，利用色膨胀感使之在感觉上变粗些。

色彩除了具有前进感、后退感、膨胀感和收缩感以外，还有轻重之分。色彩的轻重主要取决于明度，高明度的色彩看起来轻，如白色、淡黄色等；而低明度的色彩则显得重，如黑色、藏青色等。正确运用和把握色彩的重量感，就可以使色彩关系平衡和稳定，在进行室内色彩设计时，顶棚一般多采用较浅的色彩。而地面常采用较重的色彩，这样可使室内环境形成稳定感，否则就会显得头重脚轻。

## 第四节 室内色彩对比与协调

### 一、室内色彩对比

色彩之间的对比，包括色相对比、明度对比、纯度对比等。

（一）色相对比

色相环上任何两种颜色或多种颜色并置在一起时，在比较中呈现色相的差异，从而形成的对比现象，称之为色相对比。根据色相对比的强弱可分为：同一色相对比在色相环上的色相距离角度是 0°；邻近色相在色相环上相距 15° ~ 30°；类似色相对比在 60° 以内；中差色相对比在 90° 以内；对比色是 120° 以内；补色相对比在 180° 以内；全彩色对比范围包括 360° 色相环。任何一个色相都可以自为主色，组成同类、邻近、对比或互补色相对比（图 5-50）。

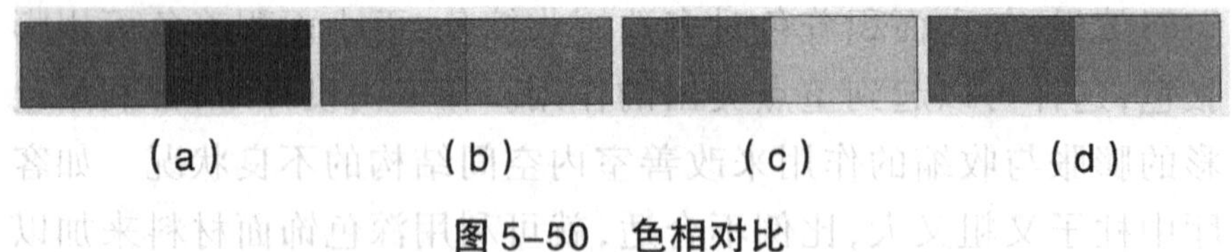


图 5-50 色相对比

图 5-50 中，（a）图为同类色对比。同类色相对比是同一色相里的不同明度与纯度色彩的对比。这种色相的同一，不是各种色相的对比因素，而是色相调和的因素，也是把对比中的各色统一起来的纽带。因此，这样的色相对比，色相感就显得单纯、柔和、协调，无论总的色相倾向是否鲜明，调子都很容易统一调和。这

种对比方法比较容易为初学者掌握。仅仅改变一下色相，就会使总色调改观。这类调子稍强的色相对比调子结合在一起时，则感到高雅、文静，相反则感到单调、平淡而无力。

图 5-50 中，(b)图为邻近色对比。邻近色相对比的色相感，要比同类色相对比明显些、丰富些、活泼些，可稍稍弥补同类色相对比的不足，可保持统一、协调、单纯、雅致、柔和、耐看等优点。当各种类型的色相对比的色放在一起时，同类色相及邻近色相对比，均能保持其明确的色相倾向与统一的色相特征。这种效果则显得更鲜明、更完整、更容易被看见。这时，色调的冷暖效果就显得更有力量。

图 5-50 中，(c)图对比色对比。对比色相对比的色相感，要比邻近色相对比鲜明、强烈、饱满、丰富，容易使人兴奋激动和造成视觉以及精神上的疲劳。这类色彩的组织比较复杂，统一的工作也比较难做。它不容易单调，而容易产生杂乱和过分刺激，造成倾向性不强，缺乏鲜明的个性。

图 5-50 中，(d)图为互补色对比。互补色相对比的色相感，要比对比色相对比更完整、更丰富、更强烈、更富有刺激性。对比色相对比会觉得单调，不能适应视觉的全色相刺激的习惯要求，互补色相对比就能满足这一要求，但它的短处是不安定、不协调、过分刺激，有一种幼稚、原始和粗俗的感觉。因此，要把互补色相对比组织得倾向鲜明、统一与调和。

图 5-51 所示为色彩的对比应用，(a)图中地板、餐桌以及窗帘属于大面积的邻近色对比，具有统一、和谐、舒适的视觉效果，同时，白色的搭配也减轻了视觉上的沉闷感。(b)图中浅蓝色与深蓝色为同类色对比，塑造出和谐、统一的视觉效果，红色和蓝色为对比色，提高了空间内的活跃感。大面积采用蓝色，小面积采用红色，可调节刺激感，避免视觉及精神疲劳。

(a)　　　　　　　　　　　　(b)

图 5-51　色彩的对比应用

（二）明度对比

色彩明度是指色彩的亮度或明度，即我们常说的明与暗。颜色有深浅、明暗的变化。色彩的明度对比有三种情况：一是不同色相间的明度对比。例如，在没有调配过的原色中，黄色的明度最高，紫色的明度最低。二是在同一颜色中，加入白色则明度升高，加入黑色则明度变暗，但同时这种颜色的饱和度（纯度）就会降低。如图 5-52 所示，（a）图中加入不同程度白色的色彩对比；（b）图中加入不同程度黑色的色彩对比。三是在相同颜色的情况下，因光线照射的强度会产生不同的明暗变化。在无彩色中，白色明度最高，黑色明度最低。有彩色中，黄色明度最高，蓝紫色明度最低。亮度具有较强的对比性，它的明暗关系只有在对比中，才能显现出来。

(a)　　　　　　　　　　　　(b)

图 5-52　明度变化

高明度的色彩让人感到活泼、轻快，低明度的色彩则会给人沉稳、厚重的感觉。明度差较小的色彩搭配在一起，可以塑造出优雅、自然的空间氛围，使人感到温馨、舒适。明度差较大的色彩搭配在一起，则会产生活力、明快的空间氛围。人眼对明度的对比最敏感，明度对比对视觉影响力也最大、最基本。将不同明度的两个色并置在一起时，便会产生明的更明、暗的更暗的色彩现象。

如图 5–53 所示，（a）图为明度差异较大的不同色彩搭配在一起，更具备视觉冲击力，活力十足，具有动感；（b）图中的黄色属于高明度的色彩，与灰色、灰蓝色搭配在一起，给人十分明快的感觉。

（a）　（b）

图 5–53　高明度对比

（三）纯度对比

纯度就是指色彩的鲜艳度。从科学的角度看，一种颜色的鲜艳度取决于这一色相发射光的单一程度。人肉眼能辨别的有单色光特征的色，都具有一定的鲜艳度。不同的色相不仅明度不同，纯度也不相同，越鲜艳的颜色纯度越高。纯度的强弱是指色相的感觉明确或含糊的程度，高纯度的颜色加入无彩色，不论是提高明度还是降低明度，都会降低它们的纯度。图 5–54 所示，（a）图为高纯度的色彩；（b）图为低纯度的色彩。

（a）　（b）

图 5–54　纯度色彩

在色环上，相邻两色的混合，纯度基本不变。例如，红色与黄色混合为橙色。补色相混合，最容易降低纯度。纯度降到最低，就成为无彩色，即黑色、白色、灰色。任何一种鲜明的颜色，只要将它的纯度稍稍降低，就会表现出不同的相貌与品格。例如，黄色的纯度变化。纯黄色是非常夺目且强有力的色彩，但只要稍稍掺入一点灰色或者它的补色紫色，黄色的彩度就会减弱。纯度的变化也会引起色相性质的偏离。如果黄色里混入更多的灰色或紫色，黄色就会明显地产生变化，变得极其柔和，但同时也失去光辉；若是黑色中混入黄色，则会立即变成非常浑浊的灰黄绿色。色彩中混入不同量的黑色或白色都能降低一个饱和色相的纯度，但是加入白色，色相的面貌仍较清晰，也呈现相对透明的状态；加入黑色，则会轻易改变色相，因为黑色具有强大的覆盖力。紫色、红色与蓝色，在混入不同量的白色之后，则会得到较多层次的淡紫色、粉红色和淡蓝色，这些颜色虽然经过淡化，但色相的面貌仍较清晰，也很透明，但黑色却可以把饱和的暗紫色与暗蓝色覆盖。图 5-55 所示为高纯度与低纯度的色彩对比，(a)图高纯度的配色给人充满活力和热情的感受，能够让人感到兴奋。(b)图低纯度的配色给人素雅、安宁的感受，具有低调感。

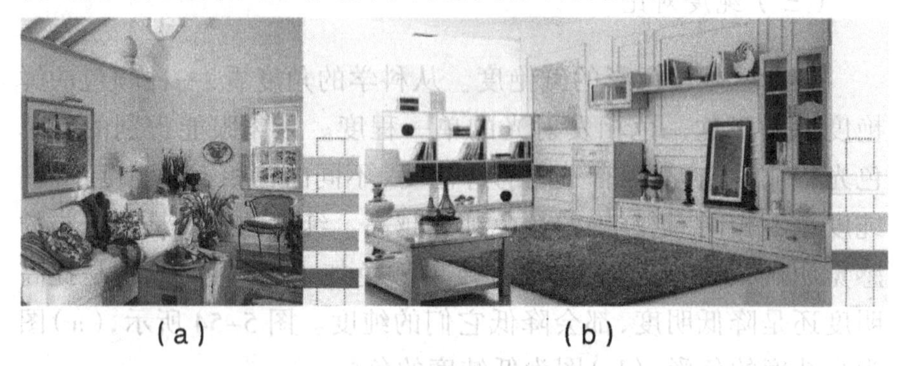


图 5-55　高纯度与低纯度的对比

高纯度的色彩，会给人活泼、鲜艳之感，低纯度的色彩，则会有素雅、宁静之感。如果将几种颜色进行组合，那么纯度差异大的组合方式可以达到极为艳丽的效果，而纯度差异小的组合方式会产生宁静素雅的效果，但是纯度差异小的组合方式非常容易出现灰、粉、脏的视觉感受。

## 二、室内色彩协调

如果一个空间中的全部色彩要成为相互关联的，它们就必须在一个统一的整体中相互协调，从这个意义上讲，和谐是必不可少的。

### （一）统一与变化

色彩既要同环境调和，又要丰富环境。变化是表现丰富的方法之一，它可以引起视觉上的紧张感，给人留下生动、强烈的印象。例如，以灰调为主的卧室空间配以鲜艳的果绿色靠垫，简洁明快、和谐自然，起到点缀效果，如同流畅的音乐演绎出自己的节奏和艺术的韵律。总体上，室内装饰物色彩以协调、衬托总体环境色调为准则，在色调确立的基础上，根据环境的特点和需要，将它们作空间位置上的布局，达到色彩的空间构成，用以美化空间、柔化空间（图 5-56）。

图 5-56　室内色彩的统一与变化

设计师在进行色彩搭配时，往往会依据自己的喜好进行设计，其实好的色彩搭配需要形成风格，在家居设计中，色彩可以随时变化，但装修的风格已然存在，色彩为风格服务，为风格添彩。好的色彩搭配不是绚丽，而是适合。

合适的色彩搭配应同时把人们的审美情趣考虑进去。这就要求设计者必须针对不同的消费群体对色彩和谐的认知分层次进行研究，找出他们对色彩审美要求的共性与差异性，以使色彩调和的原理在应用中得到更好地发挥。

### （二）无彩色与纯度的协调

无彩色即黑色、白色、灰色。为了使不协调纯色之间的对比变得和谐，设计师常在各纯色中混入黑色、白色、灰色。这类协调主要表现在明度的变化上，无论最后效果是类似或对比，其色调总是倾向于沉稳、严谨、朴素之美（图 5-57）。

图 5-57　无彩色与纯度的协调

### （三）单一色相协调

单一色相协调是一种比较单一的配色协调方法，色彩的变化只在同一个色相中完成。在不改变色相的情况下进行明度和纯度的改变。这种色彩搭配方法是在统一的色相中寻求变化，给人以简洁、条理感，但相对单调、刻板，缺乏活跃的效果（图 5-58）。

### （四）补色的协调

当我们对红色注视一段时间，然后立刻转向白色的时候，看到的不是白色而是蓝绿色，蓝色和绿色是红色的补色。用对比的办法也可以造成同样的效果，如果把一小片灰色放在红色背景上，这片灰色看上去就显得略呈蓝色和绿色；如果背景是绿色和黄色，这片灰色则略呈紫色。发生这样的现象是因为眼睛的生理需求。

图 5-58　单一色相协调

互补色搭配，首先注意的是相配两色间的主从关系，即主色若纯度高，从色纯度应低；若主色明度高，从色明度应低；如果主色面积大，从色面积就要小。这样搭配的效果容易调和，给人以富于变化、明快、鲜亮感。搭配不当则会给人以生硬、不舒适的感觉（图 5-59）。

图 5-59　互补色的协调

# 第六章 家具与陈设设计

家具是现代室内空间设计的重要内容，能够满足人们日常生活起居所需，也是现代室内设计非常重要的组成部分。随着现代社会的不断进步，人们日常生活水平的快速提高，对室内设计的要求也从实用性逐渐增添了不少审美性。所以，室内物品的陈设就成为室内设计十分重要的组成部分。基于此，本章重点论述的是家具与陈设设计方面的内容，包括家具安排、家具选择、家具陈设。

## 第一节 家具安排

房间内的家具与设施的摆放往往是空间规划的一次重要的延伸，直接关系到了室内设计的美观与功能。符合美学相关原则的家具摆放，能够给房间增加极大的美感，而且还可以让房间的使用者有一种满足感。但是，如果不考虑其功能性以及使用者对家具的实际需要，那么就很有可能达不到预期的效果。同时，设计的美学价值也会随家具的使用者为了满足某方面的实际需要而进行重新布置导致其失去意义。合理的摆放方法通常都应是功能性与审美需要二者并重的。

### 一、根据功能性安排

房间的功能性通常是指某一种室内环境的用途和在这一环境之中能够做出的相关活动，功能性往往也决定了家具的选择与摆放方法。家具的摆放同时还应充分考虑为房间可能进行的活动留出宽敞的空间，如果房间的重要功能就是为了提供一个可以聊天的地方，那么合理的安排就应将舒适的座位放到一起以方便谈话。

对功能性的考虑往往都适用在房间的每个位置，卧室属于睡觉的场所，但是同样地可成为穿衣服、聊天的场所。还有办公室、阅览室、工作室、艺术鉴赏室等，所有这些家具的摆放都应该让家具满足人的需要。例如，要想让房间变得有视觉效果，人们常常犯的错误是在不自觉之间就将卧室当作一个多功能厅，到最后却发现，没有一个功能是十分好用的。我们能够在卧室内进行衣服更换，在卧室存放东西，但这并不意味着要将卧室搞得一团乱，应该是没有人会舍得将自己所有的东西扔掉而重新对房间进行布置的（图 6-1）。

图 6-1 卧室内的家具摆放

## 二、根据人为因素安排

家中的所有东西组成了现代人们的日常生活所需，都应该得到尊重，而并非被当作垃圾处理。当人们首次进入到一间房内时，可能就会注意到其典型的壁炉、窗户这些不可以移动的元素，这也是我们视觉的焦点所在，应该被当作家具摆放的中心所在。很多人在买家具的时候都是靠一时的冲动，而并非充分考虑到它们对于整体设计的需要。

由此可知，家具在摆放方面除了功能性以及人的需求之外，还应该充分注意到某些人为的因素，这也是十分重要的一点。例如，人体的尺度和家具的比例，也属于家具在摆放的时候一定要考虑的因素之一，这是因为是否适合人的尺寸大小属于室内设计成功与否十分重要的因素之一。设计通常也需要考虑有的人对于自由行动的要求可能与大多数的人存在不同，例如，对于坐轮椅、用拐杖以及喜欢在室内进行散步的人而言，其需求就一定要做出特殊性的考虑（图 6-2）。

（a）紧凑客厅空间的设计

（b）宽敞客厅空间的设计

图 6-2　不同客厅空间家具摆放的方式

## 三、根据基本家具的组合方式安排

大多数座椅安排通常都需要符合七种最基本的排列形式，这其中所包括的排列方式可以为长椅、长软椅、座椅、沙发、长沙发或者双人沙发，而每种组合通常都会有其自身十分独特的功能。

第一，直线排列方式。主要是将家具沿着一条直线进行排列的方式。由于这也属于能够容纳更多人的一种有效排列，因此在很多的公共建筑之中都是十分常见的（图 6-3）。

图 6-3 室内直线式家具排列

第二，由组成直角进行摆放的两件家具组成的 L 形组合，这种组合方式便于进行互动。这种 L 形能够成为一种紧靠着的两张椅子或者一张靠墙角摆放的桌子组成。由于座位的角度地于谈话来说非常舒适，因此这种摆放方式也方便进行交流（图 6-4）。

第三，U 形组合。通常都是 L 形组合的进一步延伸，能够通过在 L 形的组合基础上再加一把椅子、一张单人沙发或双人沙发，或是任何一类可以坐人的家具所组成，这种组合往往也非常适合交流，而且还能够容纳更多的人加入谈话（图 6-5）。

图 6–4　L 形家具组合

图 6–5　U 形家具组合

第四,盒状组合。通常都是指在 U 形组合的前提下再添加一些座位,基本上是将 U 形组合开口的部分合拢起来的一种组合形式(图 6–6)。

第五,环形组合。是一种与盒状组合非常近似的组合形式,唯一不同的就是从名称中能够看出来的,即它的外形是环状的(图 6–7)。

图 6–6 盒状家具组合

图 6–7 环形家具组合

第六，平行结构的组合方式也是一种非常常见的家具安排形式，它能够用于突出某一焦点或是在原来没有焦点的基础上创造出一个焦点的家具组合方式。

第七，单件组合。听起来仿佛是自相矛盾的，但是要记得一件独立于其他家具组合之外的家具，往往都需要有一些小的搭配才可以。例如，一把读书椅通常都需要一盏台灯进行配合，如果再加上一张桌子的话，则能够放书或者小憩，有了台灯与书桌之间的相互搭配，这把椅子就显得更加实用，安排得也更显用心（图 6–8）。

图 6-8　读书椅与配灯

## 第二节　家具选择

家具在选择方面重点需要体现出室内设计的个性化，这是进行室内设计的首要方法之一，家具在现代社会已经发展成了一种能够通过它的美去感动我们的重要艺术形式，不管我们有意与否，我们所选择的家具在很大程度上都能够充分体现出我们对价值与设计感觉的有效理解。由于家具的添置往往都是一笔非常大的经济投入，因此在选择家具时需要综合考虑其设计与制作的质量、功能、舒适度，同时应保证其持久精美的外观造型。

为了能够在家具确定时做出最好的选择，对相对的质量及性价比做出深入地了解就显得非常有必要。只有在设计质量、材料以及制作工艺和家具价格等方面都是相符合时，我们才可以称某家具物有所值。所以，对材料与制作工艺的充分了解，对家具的选择同样也非常重要。

## 一、家具选择的原则

### （一）确定类型与数量

室内家具数量的多少，需要基于使用要求以及空间的大小进行决定，在包括教室、观众厅等一些空间之中，家具的多少往往都是严格根据学生与观众的数量进行决定的，家具的尺寸、行距、排距往往都会在相关的规范之中有比较明确的规定。在普通的房间，如卧室、客房、门厅中，则需要根据实际需要，适当地控制家具的类型与数量，在满足人的基本功能需要的基础上，尽可能地留出比较多的空地，以免给人造成一种拥挤不堪、杂乱无章的印象。

家具的配置往往都会对人的生活方式起到十分重要的引导作用。要通过家具的配置，大力倡导一种全新的生活方式，使人们在审美趣味方面变得更为高尚。盲目地去追求众多的类型与数量，不但不能反映出生活质量的提高，同时也会让家具成为现代生活的一种累赘。

### （二）选择适宜的款式

家具的款式在快速翻新，在选择家具的款式时，应该讲实效、求方便、重效益，保障其余环境的整体统一性。

讲实效主要是将适用放于第一位。传统的家具大多数都是单件的，而在现在的情况下，则需运用更多的舒适、轻便、精美、灵活的家具，如配套的家具、组合家具以及多用家具等。例如，旅馆的客房往往都会有写字台与梳妆台，但是实际情况却是，客人不会在同一时间内使用这两种家具，使它们“合二为一”照样可以满足客人的需要（图 6–9）。

求方便就是要做到省时省力。在现代化办公用房设计过程中，配备带有电子设备与卡片记录系统的办公桌，往往都是为办公人员提供最大方便的一种设计形式。

图 6-9 写字梳妆两用桌

实惠与方便往往和提高效益是相互联系的。在生产场所与经营场所之中,更需要在家具的配置过程中充分考虑效率与效益的可能性。

（三）选择合适的风格

风格和款式往往是密不可分的,但是这里我们所说的风格指的是家具所具备的总体特征,它主要是由造型、色彩、质地、装饰等多种因素所决定的。

国际上常说的风格有多种,主要有农舍风格、中国风格、东方风格、地中海风格和国际风格等。

农舍风格主要起源于北欧的各个国家之中,所以也可以称之为斯堪的纳维亚风格。它主要崇尚的是质朴、含蓄、简洁的自然之美,不进行雕琢、不造作,甚至也不会掩盖材料本身的纹理、色泽以及缺陷。这种家具主要是以松木、牛皮、粗棉家纺、草藤等作为主要的材料,具有非常明显的田园气息。

中国风格主要指的是明式家具所具备的风格(图 6-10),其典型的特征就是造型非常敦厚,讲究对称,方便合用,格调非常高雅。中国风格的家具往往是以花梨、酸枝、柚木等一些比较高级的木材作为材料,色彩相对比较浓重。

图 6-10 明式家具设计

东方风格源于中国古代时期的家具以及印度、日本等佛教国家的家具造型样式。当我们将中国风格单独列出来进行论述的时候,东方风格在这里也就可以泛指亚洲家具的各种风格,日本的纸窗、纸门、矮桌等所能够表现出来的是那种十分清新、精巧的特征(图 6-11),而且这种风格体现得非常充分。

图 6-11 日本家具造型

地中海风格最早是出现于地中海沿岸各个国家的旅馆之中,其最为典型的特征就是十分简洁、明快、洒脱、大方,大量使用了白色、蓝色、绿色等和海洋密切相关的冷色调进行设计而成(图 6-12)。

图 6-12 地中海风格家具设计

国际风格往往都是以新奇作为主要的特征，它大量使用的是钢、铝、塑料以及玻璃等建造材料，是一种和大工业生产联系十分紧密的家具风格(图 6-13)。

图 6-13 国际风格家具设计

通常而言，一个空间应该选用同种风格的家具设计而成，但是在近几年的设计实践过程之中，却产生了一种被人们称作“混搭”的设计现象，就是将不同风格的家具混合搭配在同一空间之中，如在现代社会中，以现代家具为主的空间设计之中突然产生了几张中式的椅子，在以中式家具为主的空间之中，偶尔也可能会布置几张西式的椅子等。这种混搭设计所具有的意义，从形式层面上来说，主要是为了进一步提高环境要素的丰富性；从其内涵层面上说，则具有模糊时空界限的意义，体现出不同文化之间的相互交融，用事实表明了多元文化和谐共存的可能性。应该说明的一点是，采取这种“混搭”方式的做法时，仍旧需要体现出精挑细选、有主有次的设计原则，绝不能让“混搭”变为“大杂烩”。

（四）确定合适的格局

格局问题的实质就是构图的问题。总体而言，陈设格局可以分成规则式与不规则式两个大的类型。

规则式大多表现为对称式结构造型，主要的特征就是带有比较明显的轴线，严肃、庄重，常常用在会议厅、接待厅与宴会厅的布局中，主要的家具大多都是围成圆形、方形、矩形或者马蹄形（图 6–14）。

**图 6–14 会议厅家具的格局**

我国的传统建筑之中所包含的家具，就往往会采用对称布局的形式。以民居堂屋为例，大多都是以八仙桌作为中心展开，对称布置座椅，连墙上的中堂、对联、桌子上的陈设等也需要表现出对称性（图 6–15）。

图 6-15　中国传统民居家具的格局

不规则式的主要特点就是不对称，没有表现出明显的轴线，气氛显得比较自由、活泼、富有变化，所以常常会用在休息室、起居室、活动室等场所中。这种格局往往在现代建筑中最为常见，由于它比较随和、新颖，更适合现代人的日常生活需要。图 6-16 所示就是不对称格局的实例。

图 6-16　室内家具的不规则布局

无论是哪一种格局，家具的布置都应该充分满足有散有聚、有主有次的陈设原则。通常而言，空间小时，宜聚不宜散；空间大时，宜适当分散，但是一定要突出主次的分别。在设计实践过程中，可以以某一件家具作为中心，围绕这一个中心布置其他的各类家具。也可以将家具分作若干组，让各个组间都符合聚散主次的基本原则。

（五）家具陈设的原则

（1）功能要和谐，尺寸要舒适。

（2）色彩、风格要和谐。

（3）家具之间要和谐。

（4）家具与其他陈设品要和谐。

（5）家具陈设要突出个性，富有特色。

## 二、木质家具的选择

木材是最常见的一种制作家具的材料，数千年来，木材在家具制作过程中一直都被匠人运用。木材质地坚硬但是却相对容易砍削、雕刻、黏合、修饰以及重新修饰。木质家具也比较容易维护，如果需要进行精心制作与维护的话，往往也会在经历长久的岁月之后变得更加美丽。由于其原有纹理的多样性与完整性特征，以及原木色所固有的温暖气息，其表面进行抛光的木质家具往往都有非常迷人的外观。

（一）硬木与软木

木材有硬木与软木的分别，如橡木、山核桃木、胡桃木、桦木、枫木以及樱桃木等都属于硬木，主要来源于冬天落叶的宽叶树种。相比于软木而言，硬木的纹理比较紧，所以木质更显得坚硬，能够雕刻与制作出更精细的图案，如乌木、桃花心木、红木等来自于热带雨林的宽叶常青树种（图 6-17）。软木一般没有硬木那么昂贵，适合用做建筑材料（图 6-18）。

(a)乌木

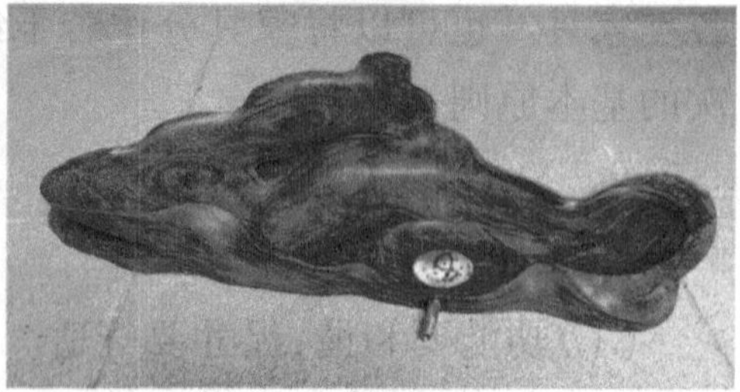
(b)红木

图 6-17 硬木

图 6-18 软木

（二）实木家具

没有经过装饰的木材，如桌子、梳妆台、箱子以及柜子等家具在这个行业里被称作实木家具。这种家具通常都是由木材加工制成的，但是更多的则是使用混合材料加工制作而成的(图 6-19)。

图 6-19 实木家具

全木制作主要是指家具能够看到的部分往往都采用木材制成；混合木就意味着能够看到的部分通常都是由不止一种木材制作而成；实木是指家具所有的外观部分都是经由硬纤维板的外面加上一层实木镶板制作而成的；坚木是指在家具的可见部分主要采用的是某一种质地比较坚硬的木材；镶板往往都是在硬纤维板或者碎料板外面加上一层纹理比较精美的薄木片，很早之前的镶板就被用于制成一种包含了较特殊的魅力和力度的家具。

（三）红木家具的选择

红木家具始于明代，是以红木材种实木制成，为实木家具中的顶端产品，兼具工艺性和实用性。现代红木家具在继承明清古典家具造型和艺术风格的基础上，吸收了西方家具的特点，采用了较先进的技术加工制作，以雍容华贵、端庄典雅而备受消费者的青睐（图 6-20）。红木家具的价格比较昂贵，了解和掌握红木家具的用材、工艺、外观等鉴别要点，是选购红木家具的关键。

图 6-20　红木家具

红木家具一般以原木为基材，根据国家标准，红木树种的范围为 5 属 8 类。5 属是以树木学的属来命名的，即紫檀属、黄檀属、柿属、崖豆属及铁力木属。8 类则是以木材的商品名来命名的，即紫檀木类、花梨木类、香枝木类、黑酸枝木类、红酸枝木类、乌木类、条纹乌木类和鸡翅木类。红木是指这5属8类木料的芯材，芯材是指树木的中心、无生活细胞的部分。目前，市场上的红木家具主要以花梨木、酸枝木和鸡翅木为主，其次还有乌木和条纹乌木等木材制成的红木家具。除此之外的木材制作的家具都不能称为红木家具。

红木的主要树种绝大多数是从东南亚、非洲和拉丁美洲进口。消费者在选购时，首先要详细了解家具明示标识中的用材名称和材种产地，并在购买时的合同或发票上注明树种名称和产地。

### 三、金属家具的选择

和木材一样，金属也常常被用在现代家具的制作之中，是一种十分重要的材料，几千年来一直被家具匠人所使用。金属通常都带有非常好的质地，耐用坚硬而且能够通过不同的工艺方法进行加工，进而做出各种漂亮的家具。大多数金属都可以用来制作家具，其中用得最多的是铝、黄铜、铬、铁、钢、不透钢等。

金属家具的质量好坏取决于制作过程中的尽心与否以及工艺水平高低，像汽车一样，金属家具的各个组件应该紧紧咬合在一起，表层应该光滑而无暇。金属家具有各种价位和不同品质可供选择，同时因为其耐久性和美学上的可塑性，又几乎可以用在任何环境中(图6–21)。

图6–21　金属家具

## 四、其他材料家具选择

多少年来,有创造性的设计师们采用所有可能的材料来制作家具,如动物角骨、纸板等。时至今日,家具设计师和生产商们除了木材和金属之外还有大量天然和人工合成的材料可供选择,其中最常见的是塑料、皮革、柳条、藤条、苔条和灯芯草。

### (一)塑料家具

塑料是一种人工合成的非金属复合材料,可以浇铸成各种设计需要的形状。塑料是一种复杂的材料,一直处于不断地发展和完善过程中,因此也使得设计师很难完全了解最新的技术发展。幸运的是,在数千种不同的塑料之中只有几种可用于制作家具和用在室内设计之中(图 6-22)。

图 6-22 塑料家具

### (二)皮革家具

皮革最常用作椅子或其他软垫家具的覆盖材料(图 6-23),因为良好的透气性和舒适性使皮革成了追求高贵品质的选择。皮革可以用作如皮革面的桌子或写字台等带内部空间的家具的镶嵌或装饰材料。

图 6-23　皮革家具

（三）柳条、藤条、苔条、灯芯草家具

柳条、藤条、苔条、灯芯草都是可以用来制作家具或家具组件的天然材料（图 6-24），这些材料一般会用于制作不那么正式的手工编织类家具，虽然有时候也有设计师有意地用它们来制作正式的作品。

图 6-24　藤条家具

藤竹家具以藤、竹等为基材编扎而成，具有轻便、舒适的特点，而且色彩淡雅、造型别致，有一种返璞归真、纯朴自然的美感，像藤床、藤椅、藤沙发、竹屏风、竹垫以及藤箱等藤竹家具，越来越受到消费者的喜爱。

质地坚韧、表面柔软的单椅、双人或三人沙发，或是做工精细、造型新颖的藤桌、藤椅、藤沙发、藤屏风、藤书架等，摆放在室内，颜色自然朴实，使居室充满悠闲宁静的自然情调，显示出主人的品味和气质。

传统的藤竹家具以湖南、湖北两地制作的家具比较有特色。湖南竹制家具在明初即享有盛名，制作工艺精巧，品种多，椅、桌、床、屏风等均有。用来制作家具的毛竹、麻竹，需采用生长2年以上的材料，阴干3 ~ 4年后才能使用。湖北藤根家具主要产于湖北武当山、神农架地区，当地人用形态丰富、奇特的藤根、怪树根制作家具，古朴典雅，并具有天然气息。

## 第三节 陈设设计

室内陈设品的分类包括实用性陈设品和装饰性陈设品。室内陈设品的陈设方式包括灯具陈设、艺术品陈设、家纺陈设、织物陈设和其他陈设。

### 一、灯具陈设

灯具主要是给室内照明提供帮助的重要器具，也属于美化室内环境设计时不可缺少的重要陈设品。在没有自然光线的情况下，人们工作、生活、学习都离不开灯具。其次，灯具用光的不同，可以制造出各种不同的气氛情调，而灯具自身的造型变化也能给室内环境带来较大的增色。在进行室内设计的时候一定要将灯具作为一个统一整体的一部分加以设计。灯具在造型方面也是十分重要的，其形、质、光、色都要求和环境保持协调一致，对重点装饰的地方，更需要通过灯光烘托去进一步凸显自身的形象。

灯具大体上可以分为吊灯、吸顶灯、隐形槽灯、投射灯、落地灯、台灯、壁灯等。其中，吊灯、吸顶灯、槽灯都属于一般的照明方式，落地灯、壁灯、射灯都是局部照明的方式，通常室内大多都是采用了混合照明的方式进行设计。灯具在不同的使用空间中会有不同的使用方式。

如电视柜旁边的灯具陈设要求做到柔和，不刺激视觉，更要避免和电视荧光出现交叉，同时还需要保护观众的眼睛。所以，电视柜旁边的灯具一般要求发出的光照比较柔和、细腻（图6-25）。

图 6-25　电视机旁边的灯具陈设

再如卧室内的灯光陈设也有一定的规则需要遵循。

首先，卧室是供人休息的地方，不能有太过强烈的灯光环境，不能影响人的睡眠。所以，现代灯具陈设一般也在床的一侧放一个多灯头的灯具（图 6-26）。

其次，卧室内的灯具还有一种陈设方式，即发出的光应以暖色光为主，如黄色。灯具的陈设位置一般在床头柜两边各放一个台灯，或在房屋顶部挂一盏灯，既可以作为装饰陈设，又可以彰显风格，用于照明（图 6–27）。

图 6–26　多灯头灯具

图 6–27　灯具陈设的方式

最后，室内灯具的陈设还需要区分不同的使用人群。一般而言，儿童房间内的灯具以卡通类型为主，突出儿童的童真天性（图 6–28）。

灯具陈设的原则如下。

（1）从装饰美化环境着手。灯具是“发光的雕塑”，是独特形态的造型装饰品。

（2）从灯光的色调搭配和衬托环境气氛着手。

（3）从符合与突出建筑结构的特征着手。

（4）满足和谐、统一、匹配的原则。

图 6-28　儿童灯具陈设

## 二、工艺饰品陈设

艺术品与工艺品都属于室内比较常用的一种装饰品。艺术品主要包括书法、雕塑、摄影等多种形式的作品，带有非常强的艺术欣赏价值与审美价值。工艺品不仅具有欣赏性，同时还具有典型的实用性。

艺术品陈设的分类包括绘画、书法、摄影、雕塑、艺术陶瓷、玉器、古玩、纪念章、奖杯等有典型的艺术特质的物品。

艺术品陈设的选择法则如下。

（1）要受到空间功能的限定，因为空间的功能决定了艺术品陈设的具体内容。

（2）要注意艺术品陈设和与室内装饰的风格协调统一。

（3）艺术品的个性及主人的喜好也是选择艺术品陈设的关键。

### （一）艺术品陈设

艺术品通常都属于室内十分珍贵的一种陈设品，艺术感染力比较强。在艺术品选择时也需要注意和室内的风格保持协调一致，欧式古典风格的室内应该布置西方绘画（油画、水彩画）以及雕塑等作品（图 6-29）。

图 6-29 雕塑陈设

中式古典风格的室内设计应该布置中国的传统绘画以及书法作品。中国画的形式与题材非常多，分工笔与写意两种画法，还有花鸟画、人物画以及山水画三种基本的表现形式。中国的书法博大精深，分楷、草、篆、隶、行等书体。中国的书画往往都是装裱之后，才能用在室内装饰之中（图 6-30）。

图 6-30 中式风格

工艺品通常包括瓷器、竹编、草编、挂毯、木雕、石雕、盆景等。还有民间的工艺品，如泥人、面人、剪纸、刺绣、织锦等。其中陶瓷制品尤其受到人们的喜爱，它主要是集艺术性、观赏性与实用性于一体的，在室内放置陶瓷制品，能够充分体现出一种比较优雅脱俗的艺术效果。

（二）陶瓷制品陈设

陶瓷陈设品可以分为两大类：一类是装饰性的陶瓷制品，主要用来摆设；另外一类是集观赏与实用为一体的陶瓷制品，如陶瓷水壶、陶瓷碗、陶瓷杯等（图 6-31）。

青花瓷属于中国的一种传统的名瓷品种，其沉着而质朴的靛蓝色充分体现出了温厚、优雅、和谐之美感。除此之外，一些日常用品往往也能较好地实现装饰功能，如一些玻璃器具与金属器具，其晶莹透明、绚丽闪烁、光泽性好，能够进一步增加室内的华丽气氛。

图 6-31　陶瓷陈设

（三）玻璃器具陈设

室内环境中的玻璃器具通常包括茶具、酒具、灯具、果盘、烟缸、花瓶、花插等多种类型，具有一种典型的玲珑剔透、晶莹透明、闪烁反光的重要特征，在室内空间设计过程中，常常都能加重华丽、新颖的艺术氛围。当前国内生产而成的玻璃器具分作三大类：一类是普通的钠钙玻璃器具；第二类是高档的铅晶质玻璃器具，其主要特点就是高折光率、晶莹透明，可以制成各种各样的高档工艺品与日用品；第三类主要是稀土着色的玻璃器具，其主要特点就是在不同的光照条件下，可以充分显示出五彩缤纷、瑰丽多姿的色彩效果。

在室内陈设中布置玻璃器具（图 6–32），应重点处理好它们和背景的关系，尽可能地通过背景的烘托反衬出玻璃器具的不同质感与色彩，同时还应避免过多玻璃器具在一起堆砌陈列，以免形成比较杂乱的印象。

图 6–32　玻璃器具

（四）金属器具

金属器具是指以银、铜为代表制作而成的金属实用器具，通常银器常用于酒具和餐具，其光泽性好，且易于雕琢，可以制作得相当精美。铜器物品包括红铜、青铜、黄铜、白铜制成的器物，品种有铜火锅、铜壶等实用品，钟磬、炉、铃、佛像等宗教用品，炉、熏、鼎等多种仿古器皿，各种铜铸动物、壁饰、壁挂，铜铸纪念性雕塑等。这些铜器制品一般都十分端庄沉着、表洁度好、精美华贵，能够在室内空间之中展现出良好的陈设效果（图 6–33）。

图 6–33　金属器具陈设

（五）文体用品

文体用品包括文具用品、乐器和体育运动器械。文具用品是室内环境中最常见的陈设物品之一，如笔筒、笔架、文具盒和笔记本等（图 6–34）。

乐器除陈列在部分公共建筑中以外，主要陈列在居住空间之中，如音乐爱好者可将自己喜欢的吉他、电子琴、钢琴等乐器陈列于室内环境，既可怡情遣性、陶冶性情，又可使居住空间透出高雅的艺术气氛。

图 6-34 文具用品陈设

此外,随着人们对自身健康的关注,体育运动与健身器材也越来越多地进入人们生活与工作的室内环境,且成为室内空间中新的亮点。特别是造型优美的网球拍、高尔夫球具、刀剑、弓箭等运动健身器材,常常可以给室内环境带来勃勃生机和爽朗活泼的生活气息。

## 三、家纺陈设

家纺陈设的分类如下:

(1)墙面贴饰类,以墙面布为主要代表。

(2)地面铺设类,以地毯为主要代表。

(3)窗帘帷幔类,以窗帘、帷幔、流苏、经幡等为主要代表。

(4)家具蒙罩类,以沙发罩、椅罩、桌布、台布、桌垫、灯罩、被罩、床单、枕套等为代表。

(5)小型织物陈设类,以靠垫、置物盒、各种织物挂件、摆件等为主要代表。

### (一)家纺陈设概述

家纺陈设是室内陈设设计时十分重要的组成部分,随着现代经济技术的快速发展,人们在生活水平与审美趣味方面出现了很大的改变。家纺陈设品在现代社会中的使用正变得越来越广泛，主要是以其自身的独特质感、色彩以及设计，赋予室内空间一种自然、亲切与轻松之感，越来越受到现代人们的欢迎。它主要包括地毯、壁毯、墙布、顶棚家纺、帷幔窗帘、蒙罩家纺、坐垫、靠垫、床上用品、餐厨家纺、卫生盥洗家纺等，既具有有实用性，还富有较强的装饰性（图 6–35）。

图 6–35　巴洛克风格

室内装饰性的家纺在质地、色彩、纹理等多个方面都具有十分独特的艺术表现力，具有优秀的装饰效果和较强的感染力。

家纺的艺术感染力通常都来源于其质感、纹理、图案三个重要方面（图 6–36）。质感主要体面在材料方面，如毛、麻、棉、丝、人造纤维为主要原料的纺织品或粗糙、细软，或轻柔、挺括，给人比较丰富的感觉。家纺的纹理通常也都十分丰富，其材料本身往往都带有比较独特的肌理，经过后期的熨烫、压折处理之后，又能够形成全新的特色。纹理相对较为粗大的，阴影较多，调子较暗，比较容易形成一种逼近感与温暖感；纹理相对细腻的，反光量比较大，看起来十分明快，非常容易形成一种后退感与凉爽感。通过印花、织花、提花等多种工艺处理制成的图案，往往也都是影响室内陈设风格十分重要的因素。

图 6-36 东南亚风格

此外，还有一些民间的传统工艺，如贵州的蜡染花布、云南的云锦、广东的潮汕抽纱、苏州的缂丝等，都具有浓郁的民族风格和地方特色，也是环境陈设的重要元素（图 6-37）。

图 6-37 蜡染花布

（二）家纺陈设类型

1. 窗帘

窗帘通常都可以起到遮蔽、隔声、调温等多种实用功能，同时还有非常强的装饰性。 窗帘的遮蔽主要可以分为近密遮蔽与远疏遮蔽两大类。近密遮蔽的窗帘设计，可以全面遮蔽室内的景物，使室内具有典型的高度私密性，大多会使用厚重不透明材料进行制作。当白天、夜晚都需要进行遮蔽的时候，可以制作两层，白天使用较轻薄的一层纱窗帘。远疏遮蔽的窗帘，私密性都比较差，大多使用纱、网扣等进行制作，所以有相对较好的透光性、透气性以及装饰性。

用来隔声与吸声的窗帘，需要使用厚重的织物进行制作，尺寸往往比较大，褶皱要多，这是因为大量的褶皱能够消耗声音的能量。选择窗帘的颜色与图案通常都需要注意它的温度感，要注意南方和北方之间的差异性，考虑朝向的不同，留心季节的变换，还需要充分考虑到环境的功能、性格和氛围。毛主席纪念堂中就是使用白色网扣窗帘并配上梅花作为图案，主要是由环境的功能、性格以及氛围所决定的。窗帘的款式很多，从层次上来看，主要可以分为单层的与双层的。从开闭的方式上来看，主要分为单幅平拉、水平百叶、双幅平拉、垂直百叶等（图 6–38）。从配件上看，有设窗帘盒的，有暴露帘杆和不露帘杆的。从拉开之后的形状看，有自然下垂的，有呈弧形或其他形状的。

（a）单幅平拉

（b）水平百叶

（c）双幅平拉　　　（d）垂直百叶

图 6-38　多种式样的窗帘

2. 床罩、台布

选用床罩和台布的时候，首先需要注意的是和相关要素之间的关系。床罩往往都是以地面与墙面作为主要背景，但其自身同时也是枕套、靠垫的背景（图 6-39）。台布主要是以地面与墙面作为背景，但其自身往往是餐具、插花的背景（图 6-40）。选用的时候需要让这种比较复杂的关系相互协调，使它们和背景及其上方的器物能够构成一个和谐且层次分明的整体。

图 6-39　床罩

图 6-40　台布

3. 地毯

随着现代生活水平的提高，地毯作为一种适用范围较广的家纺，逐渐走进人们的生活中。

地毯主要分为单色与多色两大类。从铺设的范围来看，可以满铺，也可以只铺地面的一小部分。满铺地毯常常会用在办公室、会议厅与餐厅等之中，其中用在办公室的大多是单色的与带几何纹样的地毯，而用在会议厅与餐厅中的地毯则会艳丽些，并且常常会有一些比较复杂的图案。地毯的颜色往往应较天花板、墙面的颜色更深些，以便可以形成上轻下重之感。小块的地毯往往都被称作工艺地毯，它们常常会被铺于客厅的沙发组间，都具有比较强的装饰性（图 6-41）。

4. 幔帐

和床罩、台布一样，幔帐也属于一种比较实用的织物，但是它的面积相对比较大，地位突出，所以明显能够影响到环境的氛围。中国的传统建筑之中，使用幔帐的建筑有很多。在当代建筑中，幔帐不只是被用在住宅中，还广泛应用在医院的病房、休闲娱乐建筑等场所之中，甚至在现代家庭中也逐渐有幔帐的使用。以便成为组织虚拟空间、烘托环境氛围的有效手段(图 6-42)。

图 6-41　地毯

图 6-42　主题客房的幔帐

室内织物陈设的布置法则如下。

首先,要求设计师注重人的视觉感受的秩序性,确定让人们先看到什么,再看到什么,使每个织物都有秩序地展现在人们的视线内,使室内环境获得和谐的美感。

其次,室内织物陈设的布置要保持室内空间的上下稳定关系,也就是说要感觉上轻下重。还要注意室内植物的大小、颜色、图案等与室内空间的比例尺度,位置是否匹配,视觉是否取得平衡感。

最后，由于室内织物之间存在主次、宾主的关系，因此床罩、窗帘占主要地位，第二是墙面、地毯等。

室内织物陈设的配套设计法则如下。

第一，图案模式。在室内织物系统内部，不同种类织物上使用相同或相似的图案；在室内织物上，使用与整体空间中其他家具陈设或界面硬装饰相同或相似的图案以及造型，将室内织物的图案构成形式和主题内容与室内装饰效果紧密结合，起到相互呼应、相互协调的作用。

第二，色彩模式。室内织物的色彩配套不仅局限于织物系统内部，而且更关键的是要与室内内含物的色彩相配套，其色彩配套的原则可为色彩基调配置、同类色配置和对比色配置。

第三，质感模式。材质是室内织物陈设色彩、图案和款式的载体，选择适当质感的织物进行配套设计。

## 四、装饰画陈设

装饰画主要包括两种形式，一种是书法，即字画的结合或单独的字；另一种则是专门的绘画作品。在现代社会中，人们在对室内设计的过程中，往往都会悬挂上字画和一些绘画作品用作装饰。所以，这里主要将装饰画陈设分为两个部分加以论述，即书法陈设和挂画陈设。

### （一）书法陈设

书法，是中国传统艺术发展进程中形成的一个历史悠久的艺术门类。它主要包含传统艺术哲学与美学思想内容，并且还在这个方面表现出了十分明显的深刻性与科学性。

总体而言，书法是一种抽象的艺术，主要以骨、血、筋、气、形、质和精神性相互统一，同时还通过轻重、曲直、浓淡、疏密、张驰等进一步凸显形式之美。但是从另外一个方面来看，因为它主要是以文字为载体的，可以显示出具体的内容，故必然会表现出作者对当时社会、自然的认识与深切感受，即表现出作者内心的世界、精神风貌、意愿以及情趣。

用在室内作为装饰画的书法作品多种多样。从内容层面上来看，有诗、词、赋、对联、格言和园记、堂记以及亭记等。从形式层面上来看，主要有条幅、中堂、楹联、匾额、刻屏、臣工字画与崖刻等。

1. 字画

通常可以被裱成卷轴、裱在板上或是装到镜框之中。其主要内容应该与环境的功能、性质相契合（图 6-43）。

图 6-43 字画装饰

2. 楹联

主要有当门、抱柱以及补壁等多种形式。字数可多可少，内容大体上在于发掘与阐述环境的意境（图 6-44）。

3. 匾额

言简意赅，常常是用于点题，具有非常典型的画龙点睛作用。传统建筑中的匾额内容大体上都是寓意祥瑞的，也有一些是用来规诫、自勉或是抒怀寄志等（图 6-45）。

图 6-44　楹联装饰

图 6-45　匾额装饰

4. 刻屏

即在屏壁上雕刻文字，是书法与雕刻的结合。苏州狮子林燕誉堂鸳鸯厅的正中，将《贝氏重修狮子林记》刻于八扇屏门组成的屏壁上（图 6-46），既构成了厅堂的主景，也丰富了厅堂的文化意蕴和信息。在当代室内设计中，也常见许多出色的刻屏，保定府河人家酒楼的刻屏就是一个很好的实例。

图 6–46　狮子林燕誉堂鸳鸯厅屏壁

5. 臣工字画

在北京故宫的很多殿堂之中，常常会在精致的隔扇夹纱上，嵌上小幅的书法，被人们称作臣工字画，这也属于一种把诗文、书法融入装修的高雅做法。有一些隔扇把隔心做成了实的，在上面进行书写或者雕刻文字，其做法和臣工字画具有非常相似的性质（图 6–47）。

图 6–47　花鸟隔扇

（二）挂画

这里所说的“挂画”包括了比较常见的国画、油画、水彩画和素描等，一般而言，用来悬挂在室内的挂画，都须装裱或者装框。

国画和书法艺术是一样的，具有十分悠久的发展史。它和诗文、书法、篆刻等结合在一起，不但技法十分独到，还可以起到达意畅神的作用，具有非常高的审美价值。

国画最好用在中国传统风格的空间内，大型的厅堂不妨选用一些气势恢宏的山水画，如万里长城（图 6-48）、三峡风光等。

图 6-48　万里长城挂画

中等大小的空间如客厅等，通常都会选用一些山水画或者笔墨相对比较奔放的花鸟画（图 6-49）。

小型的空间像书房等，往往都会选用一些富有寓意的“小品”，如竹、兰、菊、荷等（图 6-50）。

图 6-49 花鸟挂画

图 6-50 梅兰竹菊挂画

## 五、其他陈设

### （一）墙面陈设

一般以平面化艺术品为主，如书画、摄影、浅浮雕等；常见的还有将立体陈设品放在壁龛中；还可以在墙面设置悬挑轻型搁架以存放陈设品（图 6-51）。装饰画、摄影作品、油画、书法、编织品等应考虑陈设品与墙面、与相邻家具间的大小和比例关系。陈设品重量一般要求较轻,应考虑其安全性。

图 6-51　墙面陈设

(二)台面陈设

利用书桌、餐桌、茶几以及略低于桌高的靠墙或沿墙布置的储藏柜和组合柜进行陈设,陈设品应为小巧精致,宜于近处欣赏的。例如,雕刻、玩偶、插花等艺术品,也可是灯具、烛台、电话、茶具、咖啡具和烟灰缸等生活用品。此处摆放的陈设品数量不宜太多,品种不宜太杂,摆件色彩搭配应和谐,比例匀称。生活用品类的摆放必须兼顾生活习惯,如茶具、烟缸的摆放位置(图 6-52)。

(三)柜架陈设

柜架陈设一种兼有贮藏作用的陈设方式,有单独陈列和组合陈列两种方式,采用书橱、书架、陈列架、博古架等进行陈列。数量不宜太多,品种不宜太杂,最好分门别类的安排摆放(图 6-53)。

(四)悬挂陈设

即在较高的空间中,为丰富空间层次,用一些特定造型的陈设物在空中悬吊,起到装饰效果。一般空中悬吊的陈设物多以织物为主,还可以搭配灯具(图 6–54)。

（五）地面陈设

地面陈设常落地布置在大厅中央,成为视觉的中心。或放置在厅室的角落、墙边、出入口旁或走道尽端等位置,作为重点装饰,是一种起到视觉引导和对景作用的陈列方式,布置时应不妨碍工作和交通路线的通透,如大型装饰品、雕塑、瓷瓶等(图 6–55)。

图 6–52　台面陈设

图 6–53　柜架陈设

图 6–54　悬挂陈设

图 6–55　地面陈设

# 第七章 室内光环境设计

室内光环境设计就是指室内的照明设计,它具有实用性和艺术性两个方面的作用,也是室内光环境设计的本质。照明的实用性是指室内通过照明人们可以进行日常的活动,同时照明要符合人们的基本需求,不可过暗或过亮,否则会影响人的生理和心理健康。照明的艺术性就是用室内照明创造不同功能空间的气氛。利用室内照明进行实用性、艺术性设计就是对室内进行加工,以满足人们的功能需求和心理需求。

## 第一节 室内空间的自然光设计

### 一、自然采光

光作为能量的一种形式,自身能发光的物体通常被称为光源。目前我们采用的光源可以分为两类:自然采光和人工光源。自然采光主要指对日光的有效利用。日光发出辐射光谱中的可见光,以及不可见的红外线(长波,产生热量)和紫外线(短波)。由于日光包含紫外线,可以辐射能量、带来温暖,这对于人们的健康和生活都至关重要。

在可持续发展原则的指导下,自然光源和自然通风日益受到各方的重视。但是对设计师来说,设计的难点在于对日光入射量和入射方向的控制。从早晨到晚上,随时间的变化,日光发生变化,所以在朝南、朝西的房间内,设计师会采用暗哑的冷调子来与耀眼的阳光和暖意相配合。设计师还可以根据项目的方位、地理位置和气候来设计最合适的采光窗，在降低眩光的同时引入日光，提升室内环境。

尽管我们无法改变日光的特性，但是通过在开口的地方放置一些材料或者建筑，我们可以减少光的强度。如图 7-1 所示的挑空建筑结构，设计师特意在二楼设计了一个连廊，可以起到很好的互动作用，天井的融入大大增加了室内的自然采光系数。

图 7-1 室内自然采光

## 二、燃烧照明

在电灯发明之前，以燃烧光作为天然光源是唯一的补充照明方法，像火焰、油灯、蜡烛和煤气灯等。现在在一些住宅设计和餐饮类商业项目中，这些早期的天然光源已经被作为装饰元素了，这主要是由于它们不仅能够补充热量，而且能够发出柔和的光线，创造温馨的氛围。如图 7-2 所示为 Canlis 餐厅，是西雅图著名的晚餐地点之一，自 20 世纪 50 年代建成后进行了翻新，室内采用了燃烧壁炉照明。

图 7-2 Canlis 餐厅

## 第二节 室内空间的人工照明设计

### 一、人工照明光源的类型

人工光源是通过转化电能而发光的光源，采用不同的瓦数来标识其功率。人工光源具有真实光源发出点的光被称为实体灯光——即实际存在的灯，起照明空间的作用，并根据照明的需要进行强、弱的对比。它们的特征是有一个明显的发光点，即灯的位置，同时有明显的阴影投射，有明显的衰减范围。一个空间的主要照明往往由主灯光决定，主灯光在室内灯具中是照明强度最大以及照明范围最广的人造灯，如图 7-3 中所示的吊灯。

图 7-3 吊灯

最常见的人工光源是白炽灯和气体放电灯(包含荧光灯),另外一种在室内照明中出现的新光源是LED,即发光二极管。

(一)白炽灯

白炽灯是托马斯·爱迪生于1879年发明的。白炽灯发出的光是通过电流加热玻璃泡壳内的金属灯丝至2 500 ~ 3 000℃的高温而产生的,因此白炽灯也叫热辐射光源(图7-4)。白炽灯的工作原理是通过电流加热高电阻的钨丝直至它能发出光亮。

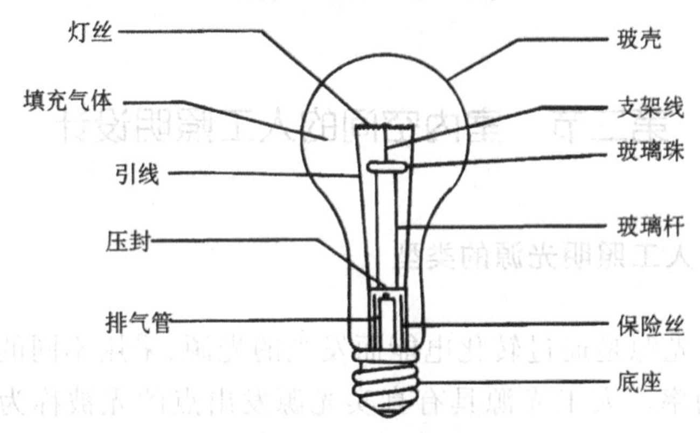


图7-4　灯泡的剖面图

白炽灯的亮光中含有持续的温暖柔美的光谱色,但灯具(灯泡)损耗很快,用完就会被丢弃。保质期长点的灯泡价格更贵些,使用寿命长。白炽灯一般用于顶棚和轻便的照明装置,如台灯。这种灯光令人感觉愉快,最适宜营造温馨的氛围。

白炽灯的分类没有统一的规定(图7-5),这里按照白炽灯的结构分为普通白炽灯、反射型白炽灯、卤钨灯、低压卤钨灯和氙灯等。白炽灯的瓦数不同,依据灯的大小采用如下数字编号:R-20、R-30,其中数字表示灯的直径。

1. 普通白炽灯

普通白炽灯简称普泡,也称为GLS灯(General Lighting Service Lamps),它是最普遍的白炽灯产品。灯的泡壳既有透明泡,又有磨砂泡或乳白泡形式,磨砂泡发出的光较柔和。灯的功率范围主要集中在 25 ~ 200 瓦区域。特别说明的是,灯泡的类型通常用字母来表示,字母后的数字是以 1/8 英寸的倍数表示的灯泡的直径,如 MR16 表示灯泡的直径为 2 英寸。白炽灯的主要特性体现在如下几个方面:①具有不同的大小、外形、颜色和类型;②体积小,方便使用;③发出暖白色的光,有些偏淡红或黄的色调;④比较适合表现多种肌肤的色调,显色性最佳;⑤有效地表现材料的质感和纹理;⑥可调光;⑦价格相对较低,但光效低导致使用成本较高;⑧产生热量,增加空调系统的负担;⑨便于产生精确的配光,可用做重点照明和作业照明;⑩暴露时会产生眩光;⑪可调和冷色调。

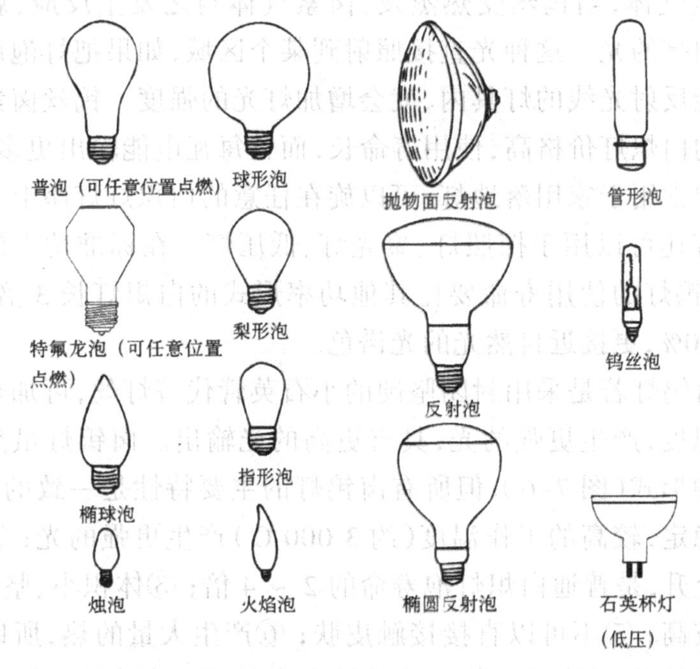


图 7-5　不同类型的白炽灯

2. 反射型白炽灯

正如它们的名字所暗示的,这类灯泡具有内置的反射器来改善光分布,使灯光射向预定的方向,这样也可以使灯具设计简化。

根据泡壳的加工方法,可分为压制泡壳和吹制泡壳两类。压制泡壳反射型白炽灯常称为白炽 PAR 灯,意为镀铝的抛物反射型灯。它是以硬质耐热玻璃压制成型的，前面的棱镜玻璃有不同的图样，可获得聚光、泛光等各种光束分布，主要用于室内外投光照明。

吹制泡壳反射型白炽灯的泡壳是吹制而成的，泡壳后部为抛物面形状的反射镜面，靠灯丝的位置控制灯的光束宽度，也有聚光、泛光等不同品种。它的尺寸小，重量轻，价格低，有功率较小的产品，所以在室内通常作为轻型投光灯及嵌入式暗灯使用。

3. 卤钨灯

卤钨灯也属于白炽灯的一种，小巧的灯泡内的钨丝周围充斥着卤素气体，当钨丝受热蒸发，卤素气体与之发生反应，就会放射出明亮的光。这种光直接照射到某个区域，如果把灯泡放置于一个能反射光线的灯具内，就会增加灯光的强度。钨丝卤素灯比普通的白炽灯价格高，使用寿命长，而且每瓦电能输出更多流明。该灯泡常用于家用落地灯，可以旋在任意的白炽灯灯座上。钨丝卤素灯还可以用于探照灯、聚光灯、低压灯。在标准功率的电灯中，卤钨灯的使用寿命要比其他功率形式的白炽灯长 3 倍，亮度增加 10%，更接近自然光的光谱色。

卤钨灯若是采用封闭坚硬的小石英管代替灯丝，可加热至更高的温度，产生更强的光，具有更高的光输出。卤钨灯虽然也具有多种形式（图 7-6），但所有卤钨灯的主要特性是一致的：①光输出稳定，较高的工作温度（约 3 000℃）产生更强的光；②光效寿命上升，是普通白炽灯泡寿命的 2 ~ 4 倍；③体积小、坚固；④价格较高；⑤不可以直接接触皮肤；⑥产生大量的热，所以不可与易燃物临近放置；⑦必须进行遮光处理，不可以用做直接照明光源。

4. 低压卤钨灯

低压卤钨灯主要是指迷你型的卤钨灯，多用于商业陈列照明。这些灯泡的工作电压通常为 12 伏或 24 伏，因此往往需要单独的变压器隐藏于附近的顶面或墙壁中，但变压器必须可以接触到，以便于维护。

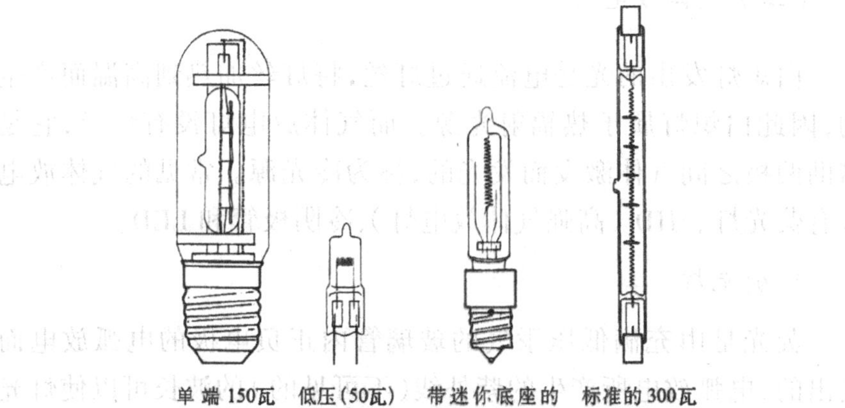


图 7-6　不同形式的卤钨灯

5. 氙灯

氙灯也是白炽灯的一种。像卤钨灯一样，这类灯泡发出耀眼的白光。它在低电压、低瓦数时会有较高的光输出，主要用于工作台面的重点照明或勾勒曲线。原世贸大厦的“光之塔”曲形灯槽中采用的就是氙灯。如图 7-7 所示，在这个现代住宅中，设计的重点在于对天花上的曲线进行了勾勒。室内通过地面材质的变化和天花板的设计来区分空间。

图 7-7　氙灯

### （二）气体放电灯

白炽灯发出的光是电流通过灯丝，将灯丝加热到高温而产生的，因此白炽灯属于热辐射光源。而气体放电灯没有灯丝，它是借助两极之间气体激发而发光的，称为冷光源。常见的气体放电灯有荧光灯、HID（高强气体放电灯）、冷阴极管和LED。

#### 1. 荧光灯

荧光是由充满低压汞气的玻璃管内正负电极的电弧放电而发出的，电弧放电所产生的紫外线（不可见的）的波长可以使灯光内布满的白色粉末（磷晶）产生反应，磷因而把紫外线能量变成可见光能，发出荧光。

荧光具有发光均衡且相对不易产生暗影的特性。在家居装修中，荧光灯用作吊顶嵌入式最为常见，还可用作柜底灯、浴室灯、娱乐或办公照明灯。这种灯光因为均衡而且清澈，可以提供绝佳的灯光环境，让人几小时连续工作也不会产生对光线不适的感觉。

荧光灯形状有直形、环形、U形、V形等，而集成荧光灯也有很多不同的形状。集成荧光灯虽然价格较贵，但是耗电仅是白炽灯的1/5，使用寿命是白炽灯的6倍，而且它具有与长荧光灯管相同的光色和暖意程度。需要注意的是，集成荧光灯发出的电子频率波可能会干扰电视、收音机的信号，所以应该距离这些电器至少2.4米远。

可调光的荧光灯需要一套灯光系统，包括暗度调节电子插口、控制线、电源线、盒置调光开关和可调节亮度的荧光灯灯座。（不能调光的荧光灯如果使用了调光的线路，会有着火的危险。）尽管可调光的电子元件要比普通的荧光灯的价格贵些，但是在节能、使用寿命上还是有相当的优势，主要依据其使用时调光的频率而定。当调低亮度时荧光灯仍能保持清亮的亮度，而普通白炽灯调暗就会有轻微的颜色变化。

彩色荧光灯是冷阴极灯，俗称霓虹灯。这种灯利用各种气体或蒸汽来产生不同颜色，一般用于商业区的广告招牌，能营造出一种独特的媚惑风情。

荧光灯虽然开始购买费用比白炽灯高，但耗电少、使用寿命长。荧光灯也有暖色和冷色的分类，经济实用的冷色调的荧光灯，尽管每瓦的流明很高、节能省电，但是光色冷艳不能令人感觉舒适自在。白色豪华冷光灯和白色豪华暖光灯都有均衡的光谱色，灯光舒适，价格相对要高。

2.HID

还有一类气体放电灯是 HID（高强气体放电灯）。这是由于欧美习惯用灯的发光管壁负荷对气体放电灯进行分类：凡管壁负荷大于 3 瓦 / 平方厘米的称为高强气体放电灯，简称 HID。它将白炽灯和荧光灯的优点结合起来，采用类似荧光灯的发光原理，但是外观类似白炽灯，只是稍大一些（图 7–8）。常见的三种 HID 光源包括：高压汞灯（发出的光偏蓝）、高压钠灯（发出橘黄色的光，是三种光源中光效最高的）和金属卤化物灯（显色性最好）。HID 光源具有如下特性：①寿命达 16 000 ~ 24 000 小时；②光效约是白炽灯的 10 倍；③满足节能的商业目的，符合相应法规；④有些显色性较差；⑤有噪声，因此在小型商业空间和住宅空间中应用有局限；⑥启动后约需 9 分钟达到 100% 的光输出。

由于光强较高，使用 HID 光源时需要遮挡以降低眩光。通常这类光源会用于高大的顶棚空间中，这时光源与观察者的距离较大，以降低眩光。

3. 冷阴极管

冷阴极管属于低压气体放电灯，其光效较高，工作温度比荧光灯还低，但使用时由于使用高压变压器，会发出噪声和热，所以进行设计选型时需要仔细斟酌，它主要用于要求的曲线较长、档次不是很高的区域。

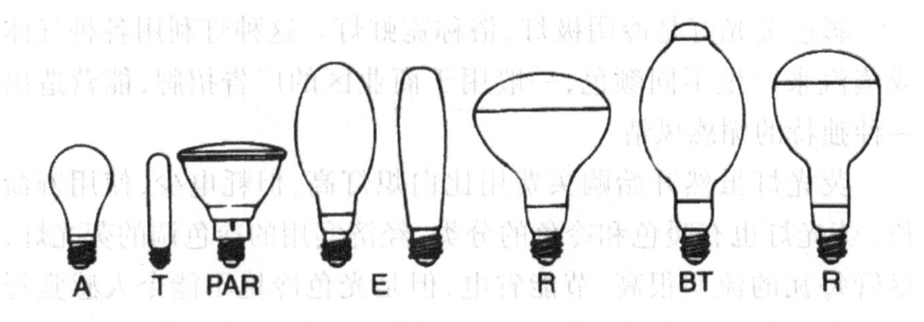


A. 标准（可任意位置点燃） T. 管状 PAR. 双抛物面铝反射器

E. 椭圆形（圆锥形的或有凹纹） BT. 球根状管形 R. 反射型

图 7–8 常见 HID 类型

冷阴极管的灯管可根据需要弯成各种装饰形状，包括曲线。而且，灯管中充入不同的气体，会产生不同的颜色：充氖气的发红光，充氢气的发蓝绿光。有的灯管外面也涂有荧光粉，可产生从蓝色到粉红色，甚至暖白色的不同颜色光。我们所熟知的霓虹灯大多数采用的是冷阴极管。

4.LED

发光二极管是室内照明出现的一种新光源，简称 LED。通常在录像机（VCR）和汽车仪表盘上所用的照明就是 LED。其寿命长达 100 000 小时，不用加热灯丝，属于电场作用发光，体积也较小（直径约 5 毫米），由于相对的光输出较低，所以在室内应用中，通常将大量的 LED 光源聚集在一个较大的泡壳中。

LED 发出的光常见的有琥珀色、蓝色、绿色、红色和冷白色。也可以采用不同颜色的组合来进行变色，这时往往需要配合照明控制系统。图 7–9 所示为商业照明设计，采用了多种照明手法。通过照明控制系统的配合，LED 光源在简单的香草图案的墙面和天花板上可产生变化丰富的色彩，立柱采用了包金属处理，为室内的变化增添了亮点。LED 也通常用于装饰照明，或者用来强调平面设计上的变化（如台阶）和柜台、灯具的边缘。

图 7-9　LED 的使用

（三）低电压灯

低电压灯是一种能将光强度控制在 9 度左右的灯具，这种灯通常包括一个内置的反射器和一个钨丝卤素灯泡，能产生超强光或聚光束，它还装有能降低电压的变压器。室内用的低压灯常用于壁龛内聚光灯或追踪效果灯。

零售商店尤其喜爱使用这类灯以突出某些特殊的商品，如珠宝，在低压卤素灯的光束追踪下，使珠宝显得更加光彩迷人。而艺术品的展示也经常借助这种低压卤素灯来达到效果。

## 二、室内照明常用形式及空间照明层次

（一）室内照明常用形式

室内照明常用的形式有主要照明和次要照明。

主要照明是指影响范围较大的灯光，是室内照明的主要发光来源，如日光灯、吊灯、吸顶灯等照明强度较大的灯光。

次要照明是指影响范围较小的灯光，是作为辅助形式存在的灯光。如暗藏灯光带、LED 灯、节能灯、壁灯、台灯等照明强度

较弱的灯光，它们的作用是调节气氛，缓和主要照明的层次。图7-10中的空间顶部使用了主要照明和次要照明作为室内的光源，体现出了相互辅助的关系。

图 7-10　主要照明和次要照明

主要照明和次要照明因为具有明确的光源，也可称之为直接灯光。直接灯光的作用是反映出真实世界的灯光照明，它使物体具有受光面并产生阴影，增强物体的重量感和立体感。图 7-11中的沙发在灯光与阳光的照射下显示出了真实的投影，增强了立体感。

图 7-11　投影产生出立体感

室内的次要照明也被称为辅助照明，它们一般用来调节室内空间的气氛，制造色调关系的对比和逆光等特殊效果。它们同样会在物体的表面形成受光面，并产生投影，只是光照的强度稍弱于主要照明，如图 7-12 中的台灯。

在任何情况下，辅助灯光的照明都不要超过主要照明的强度，它们的作用只是点缀局部照明的不足，避免使人们暴露于强光之下，是一种优雅的体现。

图 7-13 中卧室的照明主要来源于顶部的灯光带，通过灯光的衰减使光线逐步变暗。

图 7-12 辅助照明的运用

图 7-13 室内光线的衰减

（二）室内空间的照明层次

室内空间的照明一般分为三个层次。

第一个层次是普通的光及泛光照明。在房间的中央安装吊灯,这在短时间内会产生不舒服的感觉。其实还有更为灵活的方式来创造照明,把中央的吊灯改装为四头轨道射灯,这样就会改变之前一个强光源在房间中央照射得十分厉害,并产生强烈的阴影的效果。有四个光源可以投在所需的部位驱散阴影,并照亮房间一些需要引起关注的角落和东西,如图片、镜子、家具、雕塑装饰物等。

第二个层次的照明是加强的光,制造了基调、气氛、光照。它可以是壁灯、壁画灯、台灯、蜡烛。

第三个层次是工作照明,照亮特定功能的区域,如沙发旁设置一个落地台灯,主人就可以舒服地坐着看书。

## 三、照明设计中的灯具

作为照明设备来说,光源和灯具外壳是密不可分的整体,通常我们把光源和灯具外壳总称为照明灯具。从严格意义上来讲,灯具是一种产生、控制和分配光的器件。它一般由下列部件组成完整的照明单元:一个或几个灯泡;用来分配光的光学部件;固定灯泡并提供电气连接的电气部件(灯座、镇流器等);用于支撑和安装的机械部件。在灯具设计和应用中最为强调的是两点:首先是灯具的控光部件;其次是灯具的照明方式,主要是向下投光的直接照明,以及向上投光的间接照明,也称反射照明。

### (一)建筑照明灯具

考虑室内照明的布置时应首先考虑使灯具的布置与建筑结合起来,这有利于建筑空间对照明线路的隐蔽,使建筑照明成为整个室内环境的有机组成部分。这一类安装在墙壁上的、顶面上的、与室内空间结构紧密相关的灯具通常被称为建筑照明灯具。在整套室内设计图纸中是包含电气照明部分的。

1. 墙壁安装灯具

（1）挑篷式灯具

主要用于一般照明，常见于浴室和厨房中。

（2）灯槽

一般布置在墙面与顶面交接处，灯光投向顶面，提升空间高度感，也会用于勾勒周边轮廓，从视觉上延伸空间，显得更加宽敞，甚至塑造出剪影效果（图 7-14）。

图 7-14 框内的灯槽

（3）壁灯

直接安装于墙壁表面的装饰性灯具，风格或古典或现代，可提供直接或间接照明（图 7-15）。但考虑到人可触及高度所带来的灯具带电的不安全因素，灯具生产厂家提供的灯具应当符合相应的行业标准。

图 7-15 壁灯

（4）窗帘灯

光源通常安装于窗帘盒内，光线投射到窗帘上不仅增加图案的立体感，而且从私密性考虑，减少了室内人员靠窗活动时身影投射到窗帘上的可能。

2. 顶面安装灯具

顶面安装灯具主要采用以下三种形式安装于顶面上：光源安装在顶面内的嵌入式灯具；整个灯具都暴露在顶面外的吸顶式灯具；安装在顶面上的悬吊式灯具。

（1）吊灯

最常采用的直接照明灯具，因其明亮、气派，常装在客厅、接待室、餐厅、贵宾室等空间里。灯罩有两种，一种是灯口向下的，灯光可以直接照射室内，光线明亮；另一种是灯口向上的，灯光投射到顶棚再反射到室内，光线柔和（图 7-16）。

（a）黄色水晶吊灯

（b）白色水晶吊灯

图 7-16　吊灯

（2）筒灯

灯具行业中常用此称谓。外观呈圆筒形，内置光源（图 7-17）。根据设计的不同，筒灯可嵌入式或吸顶式安装。该类灯具包括下射灯、洗墙灯和牛眼灯。下射灯主要用于投射光线至目的物上或将许多只排列起来提供一般照明。洗墙灯的投射角度可任意调节来“洗”亮墙面。牛眼灯的形式和洗墙灯类似，但是内部可旋转，不是灯具旋转，聚焦光线于目的物上。

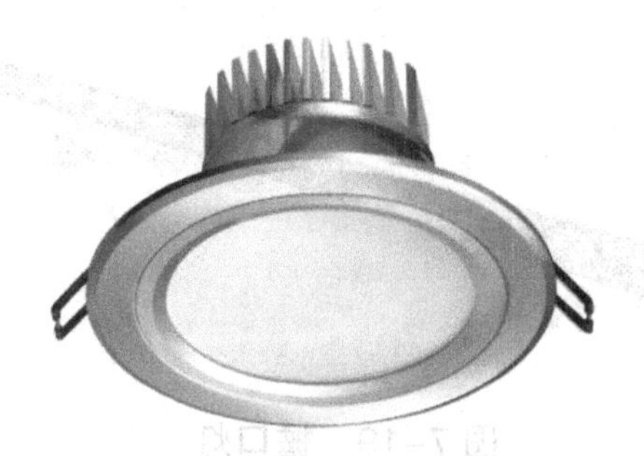

图 7-17　筒灯

（3）荧光灯盘

可嵌入式、直接或悬吊安装。为降低成本，常见的荧光灯盘的标准尺寸为 600 毫米 ×600 毫米和 600 毫米 ×1 200 毫米。同时，该类灯具可配合不同形式的透光罩或格栅柔化光线，降低眩光，这在使用计算机显示屏和 VDT（视觉显示终端）的房间中尤其重要。考虑到顶面的整体性，它可以和空调风口结合（图 7-18）。

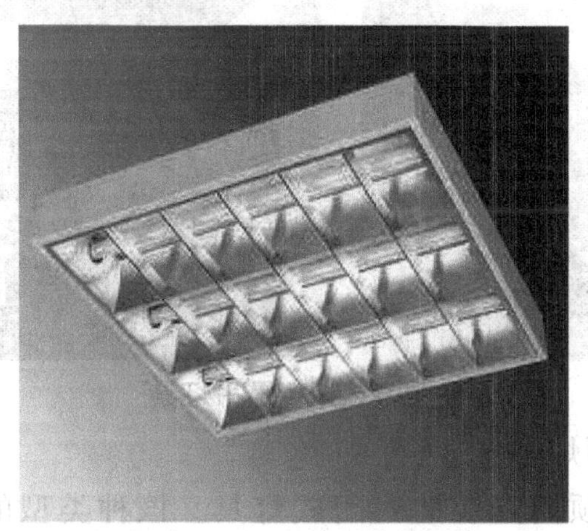

图 7-18　荧光灯盘

（4）檐口灯

主要安装于顶面上，向下照明。灯带和窗帘灯相似，其区别主要在于安装位置的不同。当其直接安装于窗户上方时，在夜晚可以用做窗户采光照明，降低镜子的黑光效应或消除眩光（图 7-19）。

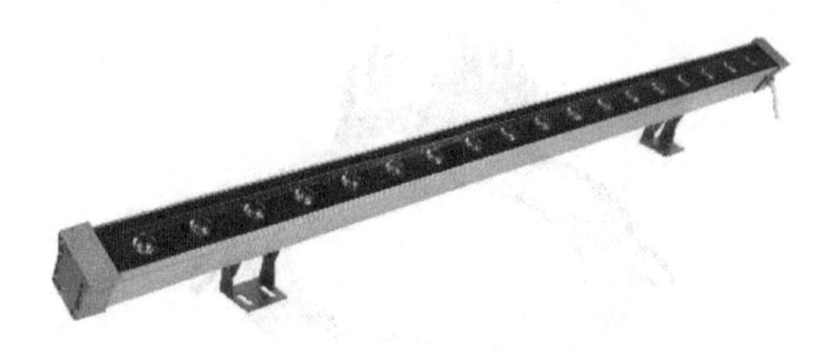

图 7-19　檐口灯

（5）悬吊灯具

顾名思义是在顶面下方吊装的灯具（图 7-20）。其款式和光源的种类多种多样（有时还可定制）。考虑空间比例效果，在高约 2 400 毫米的房间中，通常的安装高度在餐桌上方大约 750 毫米处，并随着房间高度每增加 300 毫米，安装高度提高 75 毫米。

图 7-20　悬吊灯具

（6）吸顶灯

紧贴于顶面安装的封闭式灯具。该种类型的灯具多用于浴室、厨房以及一体化的家具中，直接向下提供充足的照明（图 7-21）。

（7）轨道灯

灯具通常直接夹装在顶面的轨道或线槽上，并且灯具位置可任意调节，产生精确的配光，创造不同的效果，配合空间多功能的需求。如图 7-22 所示，在该展示空间中，采用了精细的线性轨道灯照明了雕塑和图画,采用卤钨光源。

图 7-21 吸顶灯

图 7-22 线性轨道灯照明

(8)定制灯具

定制的建筑照明灯具可用于强调台阶、扶手的安全照明和其他装饰设计元素。如嵌入式的地灯主要用于飞机上、剧场里或台阶上的安全引导照明。

(9)光纤

这是一类满足定制效果的装饰性灯具。光纤由一束细长的圆柱形纤维组成,它本身并不发光,但它传导光,光线通过光纤传输到另一端形成照明。光纤体小质轻,可隐藏在楼梯扶手或商业展示柜中作为重点照明。如图 7-23 所示,室内空间中采用了装饰型光纤产生星空般的效果。

图 7-23　光纤灯

（二）便携式灯具

便携式灯具指灯具采用非固定式安装，常见的是台灯和落地灯。它是最古老的室内电气照明的灯具形式，可在住宅或公共空间中采用，不仅有局部照明功能，往往还会塑造小空间的装饰性气氛。

1. 台灯

放于柜子、桌面和床头柜上的灯具，主要有以下三种。

（1）带罩灯

灯泡用灯罩罩住，以减少眩光，向上和向下弥散直接光线。这种灯亲切宜人，广泛用在私密性场合（图 7-24）。

（2）球状灯

灯罩的材料常为毛玻璃或纸，能降低光源的亮度，散发出漫射的光线。这种灯外形美观，但也易形成眩光和单调的效果（图 7-25）。

（3）反光灯

在不透光的反光镜内装上普通的或反光的白炽灯泡，控制其只向一个方向投射光线，这种灯常常是可调的。反光灯很适合阅读和工作照明，但其产生的光线亮度对比太强烈，最好增加一些其他的光源来减少对比（图 7-26）。

图 7–24　带罩灯

图 7–25　球状灯

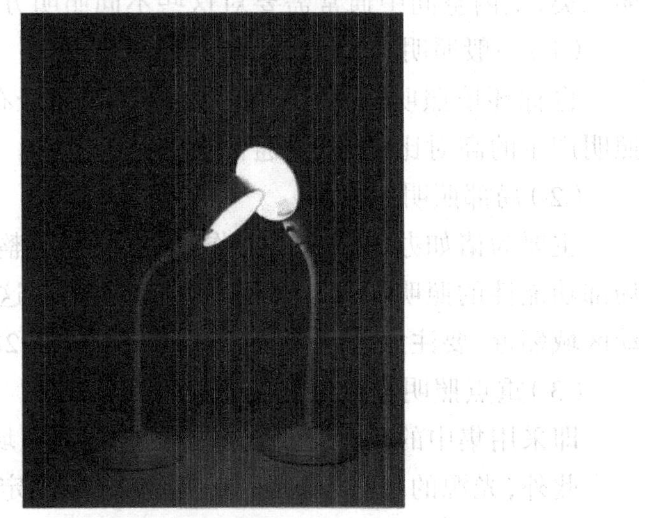

图 7–26　反光灯

2. 落地灯

即立于地面的灯具，其主要种类和台灯相同（图7-27）。另外还有一种上射式的落地灯，即所有光线向上投放，形成间接的普照光，采用的是白炽灯、高强气体放电灯或卤钨灯。常用于办公空间和公共空间的环境照明，有着迷人的效果。

图7-27　落地灯

（三）灯具的选择因素

1. 功能因素

照明方式按照功能划分主要有一般照明、局部照明和重点照明三类，室内空间中通常需要对这些不同照明方式进行组合。

（1）一般照明

也称环境照明，在整个室内空间中均匀分布光线，降低集中照明产生的高对比度，所以通常作为背景照明。

（2）局部照明

主要为诸如办公室台面工作、家庭备餐或整理等活动提供的局部功能性的照明，所以有时称为作业照明。这类照明通常与活动区域邻近，要注意控制眩光、冲淡阴影（图7-28）。

（3）重点照明

即采用集中的光束强调出特定的物体或区域。

此外，光源的尺寸、形状和灯具的式样，决定了不同的光输出类型。为帮助选择合适的灯具，灯具厂商的样本目录中往往会提供光分布图表(配光图表)。如图 7–29 所示即为常见的配光图表,上部是不同灯具的型号,下部是对应的极坐标曲线。许多品牌的灯具厂都在光盘中提供类似的数据。

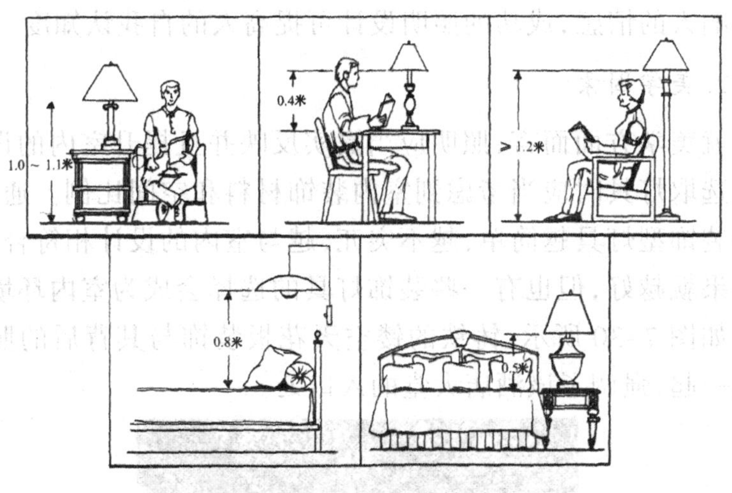


图 7–28 照明灯具的放置

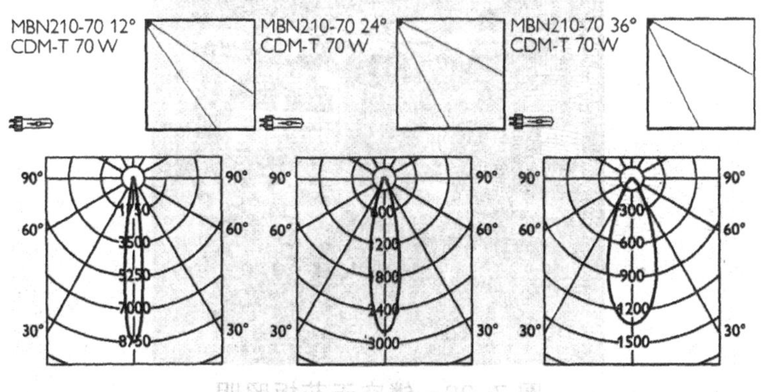


图 7–29 配光图表

通过这些图表,可以读出不同高度上的照度值,这样设计师就可以挑选出合适的灯具和光源了。但照明产品的选用还需要可靠和耐用。例如,在儿童医疗中心内,就不适合选用易碎的霓虹灯;应急灯通常应采用电池工作,这一点在断电和火警时非常重要,因此照明设计有其特殊的要求。

从人性化角度来考虑,人随年龄增长视力会消退,老年人或视力受到损伤的人往往会要求更亮的照明。对他们,设计师应当提供较高的照度水平或采用便携式灯具提供个人照明。但在进行住宅和商业空间的照明设计时,除了需要考虑照明的物理参数和人的生理需求外,还需要注意其对人产生的心理效应。如照明会影响人的情感,成功的照明设计可提高人的自我认知度。

2. 美学因素

就美学方面而言,照明应当真实反映并且提升室内的设计风格。选取灯具时应当考虑到室内装饰材料和空间比例。通常,选取的装饰型灯具越简单,越不突兀,越与室内的设计相符合,得到的效果就越好,但也有一些装饰灯具的选择会成为室内环境的焦点。如图 7-30 所示,铸铁的镂空天花板装饰与其背后的照明融合在一起,强调了该酒店大堂的入口处。

图 7-30　镂空天花板照明

设计师通常采用下列方法,合理地选取和布置灯具以创造出空间的装饰效果。

(1)采用聚光灯重点强调某个物体或某个点状区域。

(2)采用散光灯,光斑范围比聚光灯的要大,可以强调出某个区域。

(3)洗墙灯,其功能介于聚光灯和散光灯之间,通常用于照明墙面上的艺术品或其他陈列,可将整面墙都洗亮。

（4）掠射灯，与洗墙灯的效果相类似，但光线掠射过墙体表面，主要用于强调墙面上的织物或纹理。

（5）周边照明，主要用于从视觉上提升室内空间尺度。

（6）剪影照明，可以勾勒出物体的装饰性轮廓。有时，可以将植物或者铁艺装饰安装在灯光前面，在附近的表面上产生有趣的阴影。

3. 经济因素

设计师对灯具的选择一定不能超过业主的预算，除了需要考虑初始的购买和安装的费用，还需要考虑电能消耗和维修保养的费用。设计师在照明设计和采购上的丰富经验可以在提供充足照明的同时，降低成本。下面的一些原则可以有助于节能。

（1）照明应当满足相应的功能要求，如厨房的操作台和写字台会比周围的非工作区域要求更明亮。

（2）采用调光设备。根据不同功能要求，可以调节照度水平，延长光源寿命，并且节能。

（3）采用多级开关，或者在每一个出口都放置开关，这样可以方便地获得局部区域所需的灯光。

（4）有时采用可调节位置或投射方向的灯具是明智之举。例如，轨道灯具有很大的灵活性，可以调节其投射的方向和角度。

（5）反射灯泡主要用于重点照明和作业照明。在需要强烈的汇聚光束的区域，可选用低压聚光灯。

（6）必须选取光效高的光源。随光源功率和颜色的不同，光源的光效差别很大。例如，荧光灯与白炽灯相比，大约可以节约80%的电能，产生5 ~ 30倍的光输出，寿命长约20倍。因此，通常会在商业空间中采用荧光灯。如图7-31所示，在该服务区内，同时采用了上照光和下射光，不仅满足了功能性的要求，而且在300毫米 ×300毫米的标准天花板上形成了视觉兴趣点。照明设计师在这里选用了悬吊灯、荧光灯灯槽、高效抛物面格栅灯和筒灯。

图 7–31　Hnedak Bobo 集团公司照明设计

（7）在诸如仓库和地窖等灯具外形不重要的区域，采用具有工业反射器的灯具是一种经济之举。

（8）浅色的顶面、墙面、地板和家具可以反射较多的光线，而颜色较深的房间会吸收较多的光线，因此需要更多的照明。

（9）保持灯具上反射器、漫射器和光源的清洁有助于延长灯具使用寿命。

## 四、不同类型的灯光效果

为了满足不同的照明要求，在设计过程中要特别注意各种类型的灯光效果。居住空间中包括普通照明灯、背景照明灯、功能灯、效果灯、氛围灯和艺术灯。

### （一）普通照明灯和背景照明灯

普通照明灯的灯光统一、均衡、照射范围广。常用的直射灯光一般安装于顶棚上直接照亮下面的空间，又称直接照明。这种灯一般采用荧光灯或白炽灯。尤其是荧光灯系列，可以为厨房、办公室、工作间、教室提供良好的照明，有利于人们正常工作。缺点是灯光光线单一、无变化。

背景照明灯来自间接灯源，它将灯光投射到一个物体表面，如墙壁或顶棚，然后光线反射回室内空间。这种嵌入内置于顶棚四周像眼睛形状的聚光灯能很快照亮墙壁，而向上照射的灯把光投射到顶棚，然后反射到房间，营造出柔和的光线氛围。这种灯又称为牛眼灯。

（二）功能灯

功能灯可以透射出适量的灯光，为那些工作中需要手眼相配合的人提供良好的照明环境，如读书、打字、画画、组装部件、缝纫、化妆等。这种灯一般不用于明暗对比很强烈的空间，如果出现灯光区和黑暗区的分界十分明显突然，就会造成视觉紧张与疲劳，最佳办法就是把功能灯与普通灯、背景灯、自然光线都结合在一起使用。功能灯还包括四处移动的轻便型泛光灯，如落地灯、台灯、壁灯等。

（三）效果灯和氛围灯

效果灯又称为艺术效果灯，它能将灯光汇聚于一件艺术品或配饰上以显示其独特魅力。背景灯通过投射小片灯光或者在黑暗空间映射出明亮的区域来营造光和影的情趣空间，而获得意想不到的效果。这种强烈的明暗对比以及晃动的光影给生活增添了很多乐趣。

氛围灯能令人感觉温馨或充满诱惑，如在黑暗空间的低方位映照出一片柔和的光线或者是绚丽的光彩，总会令人心动。另外，还有内置的暗淡灯光和台灯、落地灯。而壁炉的火光也能营造出一种氛围，它使人们围坐在一起，享受家庭的温暖与舒适。

普通灯、背景灯、功能灯、效果灯经常会结合起来使用，因为每一种灯能完成不同的功能，它们能相互弥补不足，达到一定的设计效果。

（四）艺术灯

灯具本身散发出的灯光就是一种精美的艺术品，如霓虹广告灯或艺术精品灯具，其灯座或光源本身就是视觉上的亮点。艺术大师把灯光和其他的材料、材质创意地联系到一起，创造出极具特色的艺术灯饰；彩色灯光以及由一个或多个光源漫射出的光影图案使照明灯也具有了艺术氛围；刻蚀的丙烯酸薄片通电加热，能使灯光透过刻蚀图案的区域，因此艺术品、墙面等区域又可发展为创作空间；丙烯酸制成的灯管能使各种灯光呈现出不同的艺术风情；激光灯，一般仅用于静态的灯光展示或不断变化的灯光表演，可以投射出不同的影像；全息灯能在空中投射出令人惊羡的三维影像。

## 五、各类型空间的照明设计

照明设计的宗旨是让合理的光线落在合适的地方，但是选择和布置合适的灯具是一个复杂的过程，下面给出的是特定区域照明设计的常规引导。

大堂和入口区域的风格，往往奠定了室内设计的整体基调，照明在其中扮演了重要的角色。在白天，该区域应当保证充足的照明，以方便人们从明亮的室外过渡到较暗的室内；在晚上，照度需要稍微低一些，为重点照明提供一定的背景照度，但至少要保证视觉所需的基本照度。当然接待台会设计得比周围亮一些，以引导人流。入口区域通常也是设计出戏剧化照明效果的理想之地，可以用灯光强调陈设艺术品。

等候室和起居室内一般会采用柔和的背景照明，并在局部加以重点照明，要达到这样的效果，往往将间接照明和直接照明两种方式进行组合，但需注意，过度的间接照明会失去设计重点，所以会通过布置精心挑选的便携式灯具突出房间的视觉焦点，创造舒适的感觉。如图 7-32 所示，是旱塔菲（Santa Fe）风格的装饰，嵌入式筒灯、高处的灯槽、便携式灯具和壁炉带来温暖、舒适的氛围。

图 7-32 旱塔菲( Santa Fe )风格的起居室

对于会议室和餐厅,在其桌面区域周围应得到多功能的照明,以满足不同的功能要求。一般照明提供的背景照度较低,通过调光器控制,可以创造不同的室内气氛,甚至降低到一定程度来满足视听演示的要求。在住宅和餐馆中,创造性地运用重点照明,可以避免平淡的照明效果,创造视觉兴趣点,如同采用烛光可以更好地表现皮肤的色调,创造浪漫气氛一样。

如图 7-33 所示,这是纽约的一家日本式餐厅,综合运用了多种照明设计手法:天花板处的木装饰条上安装了轨道射灯;装饰型的壁灯、吊灯、灯槽、下射灯和上射灯定义了精心设计的阴阳符号;下射光透过磨砂板为吧台台面提供了漫射光。

在办公室、图书馆(图 7-34)和学校内要求采用一般照明。使用计算机的地方,来自于上方的灯光应当被恰当地漫射开,防止眩光,采用配备了双抛物面遮光格栅的荧光灯具效果特别好。在学习和工作区域作业照明也是基本的配备。

家庭娱乐室中会进行各种活动,因此需要灵活的照明设计(图 7-35)。可采用一般照明提供基本照度,并在局部活动区增加作业照明。当看电视或工作时,电视机或电脑屏幕本身就可以反射光线,有效构成照明环境,所以可以将照明调暗到一定水平,以降低照度对比，避免产生眩光。

图 7-33　餐厅灯光设计

图 7-34　图书馆灯光设计

图 7-35　家庭娱乐室灯光设计

工作室、厨房、教室和器材室等，需要安全、高效的一般照明。可采用吸顶式灯具、嵌入式灯具、轨道灯等来提供一般照明，消除阴影，同时也会在工作区或壁橱下加设嵌入式灯具或台灯。图7-36所示是一间当代的欧式厨房，照明设计除了满足了功能性要求，还创造了视觉兴趣点。在台面上方还采用了灯罩式灯提供作业照明。

同会议室相类似，教室有时也会需要调光至低照度水平，以放映幻灯或投影，但必须采用左手采光，即一般人是右手写字，所以必须窗户在左侧，合理利用自然光线，这也是设置黑板位置的前提条件。

图7-36　欧式厨房灯具设计

卧室里需要舒适的一般照明和合适的作业照明来进行阅读、化妆、工作和其他活动。可以在橱柜上、壁橱里、座椅旁和床头等位置设置直接照明，效果较好；夜晚需提供较暗的夜灯照明；在挂画或墙面的陈列品上，可以采用重点照明来烘托。

浴室里应当为剃须、梳妆等提供无阴影的照明，可在顶面上布置灯具、在梳妆镜两侧布置灯具或利用浅色台盆的反射光来向上照明。对于普通尺寸的浴室，采用镜前灯就可以了；但对于有浴盆和淋浴的房间，还需要增加一般照明，灯具甚至必须采用密闭防水型的。

楼梯间内需要为安全通道提供一般照明，应当保证能够看清台阶。可以在楼梯的上下半平台上设置带遮光罩的灯具，避免眩光。

走道通常不建议人们停留，所以提供通行所需的基本照度就可以了，当然也可以通过对艺术品的重点照明创造戏剧性的效果，消除单调的感觉。

夜晚的室外花园、平台、庭院、道路的照明可以增加视觉舒适度。这在住宅、商业和教育建筑中已经很平常了。而且，室外照明将室内的灯光延伸至了室外环境中，这样从室内向外看时，室内外亮度差得到平衡，减轻了黑玻璃效应。图 7-37 所示为一家私人住宅内的优雅餐厅，采用了曲线柔和的吊灯和家具来跟室内建筑平直的几何线条相对比。艺术性地照明了悬挂在墙上的建筑装饰物，使室外空间成为室内空间不可分割的一部分。

图 7-37　餐厅吊灯

此外，用于室外具有防风和防雨功能的灯具，不仅可以配置在挑檐下方或外墙面上，还经常会用它们来装饰花园中的重要区域。通过外露的或者暗藏的安装方式，将灯光向上、向下或从多个方向投射到树木、植被、花园中的雕像、喷水池、露台、凉亭，以及其他一些花园景点中，以此来创造一种视觉享受。当然，室外照明的入口通常被设计成视觉的焦点。

### 六、常见的照明方式

见图 7-38 所示。

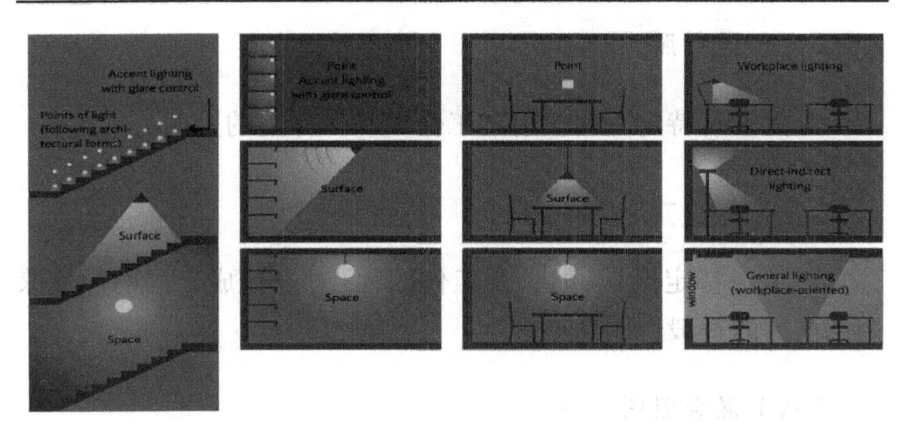


图 7-38　常见的照明方式

（一）基础照明

根据需要，为提高某个空间的整体亮度或者营造出主体氛围，满足功能性需求的一种照明方式，是特定环境内基本的功能性照明。

（二）装饰照明

为对环境装饰，增加空间层次的照明，是满足某些部位的特殊需要而设置的照明（通常为很小的范围）。

（三）重点照明

重点的突出主题物件及场所，利用集中照射的灯光，以高亮度及颜色的差异来引起关注。

（四）定向照明

光主要是从某一特定方向投射到工作面和目标上的照明。

（五）局部照明

特定视觉工作用的、为照亮某个局部而设置的照明。

（六）漫射照明

光无显著特定方向投射到工作面和目标上的照明。

（七）分区一般照明

对某一特定区域，如进行工作的地点，设计成不同的照度来照亮该区的一般照明。

（八）混合照明

由一般照明与局部照明组成的照明。

（九）应急照明

因正常照明的电源失效而启用的照明，是为了确保疏散通道被有效地辨认而使用的照明。

（十）警卫照明

在夜间为改善对人员、财产、建筑物、材料和设备的保卫，用于警戒而安装的照明。

（十一）障碍照明

为保障航空飞行安全，在高大建筑物和构筑物上安装的障碍标志灯。

（十二）道路照明

将灯具安装在高度通常为 15 米以下的灯杆上，按一定间距有规律地连续设置在道路的一侧、两侧或中央分车带上进行的照明。

（十三）检修照明

为各种检修工作而设置的照明。

（十四）泛光照明

通常由投光来照射某一情景或目标，且其照度比其周围照度明显高的照明。

（十五）混光照明

在同一场所，由两种或两种以上不同光源所形成的照明。

（十六）发光顶棚照明

光源隐蔽在顶棚内，使顶棚成面发光的照明方式。

## 七、室内空间的灯光色彩效果图

室内效果图的灯光并不能根据画面的明暗需要随意添加，而应根据实际的设计照明进行光线的增补及调节（图 7-39），每一个光线的来源都要有与之对应的灯具，并通过分析各照明之间的关系、主次，来进行光线的调节，随意添加及制作的灯光将会成为效果图中的噪声，使画面的节奏产生紊乱，从而显得焦灼不安。

图 7-39　灯具的位置及对应的光线

在表现具有大面积玻璃屋面采光的效果图时，可采用阳光自屋顶向室内进行照明，使空间通透，素描关系明确，并形成斑驳的投影,使画面富于光线的变化(图 7-40)。

图 7-40　阳光照明的中庭效果

室内设计的光源主要由太阳光和人造光两部分组成,当表现的空间越大时,需要的灯光越少,主要体现空间的结构关系和素描关系即可(图 7-41)。

图 7-41　室内游泳池灯光设计

而酒店、住宅等空间由于气氛的需要,采用的灯光要比办公空间和公共场所丰富很多,它们不仅起到照明的作用,同时还要起到装饰的作用。

在表现如酒店类空间时,应尽量体现出灯光设计的特点,刻画出每一个灯具的照明,表现出它们应该产生的装饰效果,通过主次关系表明灯光在实际工程中的应用。而灯具的使用位置往往表现了它在空间照明中的地位,如吊灯起到主要照明的作用,光带、筒灯、壁灯、台灯等则起到了辅助照明的作用,它们的功能是缓和空间的直接照明,使空间的层次更加丰富(图 7-42)。

图 7-42　酒店包厢灯光设计

## 八、室内灯光的应用

了解了灯光的种类及效果，接下来就应该考虑怎样在一个实实在在的空间中运用这些光源。第一件事就是要决定哪些地方需要照明，每一个层次都需要单独控制，否则房间会非常糟糕。

### （一）环境氛围的营造

开始工作前，首先要做一些电工的照明规划，让技术员确切地了解你需要在哪些地方安装电灯。这时，主要掌握上面提到的照明的三个层次。在空间里需要重新平衡下照明，就需要把光分配均匀，所以可以使用一系列向下的细光产生光影。如厨房备餐，就可以利用打个光影覆盖切东西或干活的区域。对于就餐区域，为了营造欢快热烈的宴会气氛，可以安装壁灯，台灯在操作台上是个重点。对于大的区域，不需要点状光源，而是需要延展的光。

最主要的还有选择灯具，其中人造光源也有很多差异。一个标准灯泡比一个荧光灯或紧凑型荧光灯发出更多的暖光，科学家测量出从光源发出的纳米级的颜色波长，自然日光的波长在300 ~ 700 纳米间，其他各类的光源有着不同的波长。其中最低的是低压钠灯，低压钠灯的波长约为10纳米，一般在仓库或停车场可以看到。低压钠灯在20世纪80年代原本设计用在商店里，它能真实地反映多彩的颜色，现在则被广泛用于厨房和浴室中。这是因为它不仅带来清楚的工作照明，而且相当接近日光。

目前有超过2 000种的家用灯具，大多数时候我们还是用标准灯泡，主要是因为人们喜欢它带来的暖色调的效果。也有例外，如在香港，由于当地气候比较潮湿、闷热，消费者希望回家马上降温，在光源的选择上多使用冷光源。不同的光源会给人们带来不同的心情，结合不同颜色的光源用于不同的产品。如在超市，蔬菜和面包上方采用暖色的灯具可以提高色彩和纹理的真实性，诱使顾客逗留和购买产品。对于商家而言，制造温暖、吸引眼球，则商品价格就可以更高。同样的规则也会与家居有关，当看着向下的灯，会指定出一个目的的功能性的区域。

### （二）炫光的处理

炫光能导致使人易怒或疲惫的耀眼刺目的灯光，这些身体的不适是由自然光或人工光产生的热量或超强的亮度造成的。而光亮区域周围的黑暗空间也能令人感觉眼睛疲劳、身体虚弱，因为外围视野要不断地调整适应明暗区域的反差。

眩光分为直射光、反射光、朦胧折射光。直射光为视野范围内的强亮光或遮蔽不足的光源。反射光指从光滑的表面反射回来的超亮光线。朦胧折射光使我们看不清目标，主要是由光在物体表面发生折射而形成的模糊映像造成的。

白天的自然光需要窗帘的遮挡来减弱耀眼的强光，而炫目的人工灯光可以通过减少功率瓦数来控制其亮度，或使用冷光灯，或调整灯光照射的角度。

另外，还有一些利用装置来转移或减弱刺目灯光的方法，如用长条木板放置在灯光前，使灯光的照射方向改为向上或向下；灯源的遮光百叶板或灯具上的凹槽也可以作为理想的遮光手段；金属或木质的网格装置也能分散灯光，形成更均衡的灯光分布；可以采用有花纹质感的灯罩或玻璃外罩来减弱灯光的强度；灯泡本身所配置的反光器能进一步控制光亮度和强度。

（1）根据影响的程度，可将眩光分为不舒适眩光、失能眩光、失明眩光。

（2）根据眩光产生的方式，可分为直射眩光、反射眩光、光幕反射（图 7-43）。

炫光带来的影响包括精力不集中、视觉疲劳、影响视力。

控制眩光的方式包括适当的灯具保护角；合理的安装高度；安装位置角度调节；调整工作面的表面情况。

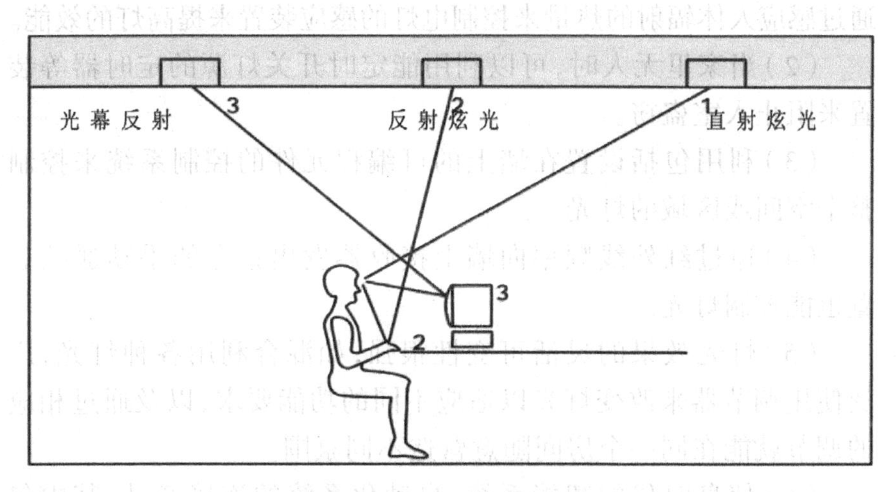


图 7-43　炫光的类型

眩光的分级根据作业和活动的种类决定，如表 7-1 所示。

表 7-1　眩光的分级

| 照明质量等级 | 作业或活动的类型 |
| --- | --- |
| A（很高质量） | 非常精准的视觉作业 |
| B（高质量） | 视觉要求高的作业，中等视觉要求的作业，但需要注意力高度集中 |
| C（中等质量） | 视觉要求中等的作业，注意力集中程度的要求中等，工作者有时要走动 |
| D（质量差） | 视觉要求和注意力集中程度的要求都比较低，而且工作者常在规定区内走动 |
| E（质量很差） | 工作者并不限于室内某一工位，而是走来走去，作业的视觉要求低或不为同一群人持续使用的室内区域 |

# 第三节　未来照明设施设计

## 一、未来照明设施设计的趋势

室内空间照明灯光的发展和未来是多方面的，其趋势是便利、节能、灯光效果更专业而且灵活多变。

（1）借助能根据自然光强度来开关指定电灯的电子感应器和通过感应人体辐射的热量来控制电灯的感应装置来提高灯的效能。

（2）当家里无人时，可以利用能定时开关灯源的定时器等装置来阻止入室盗窃。

（3）利用包括设置在墙上的可编程元件的控制系统来控制整个空间或区域的灯光。

（4）通过红外线频率向墙上接收器发出指令的手动遥控装置也能控制灯光。

（5）灯光效果的灵活可变性很强，如混合利用各种灯光，广泛使用调节器来改变灯光以适应不同的功能要求，以及通过相应的调节就能在同一个房间随意营造不同氛围。

（6）信息时代的智能系统，自动化系统的连接产品，其中包括可编程的灯光控制装置、电脑网络系统、电视和录像机或数字播放器、数字卫星连接器，以及户外门窗安全和婴儿室的电子监控设备，能很大幅度地节约能源。

## 二、智能照明在未来的发展趋势

预计在不久的将来，智能照明产品将取代普通照明产品，成为照明行业的新锐主流产品。所谓智能照明控制产品，是在确保灯具正常工作的条件下，给灯具输出一个最佳的照明功率。这样既可减少由于过压所造成的照明眩光，使灯光发出的光线更加柔和，照明分布更加均匀；又可大幅度节省电能。智能照明控制系统节电率可达20%~40%。

在各大照明类产品展会上，众多企业推出了新型智能照明产品。智能灯具的亮相频率与前几年相比有了极大提高，科技含量也越来越高。目前，城市管理者逐渐认识到智能照明产品的技术优势，开始在社会上推广开来。

与传统照明相比，智能照明可达到安全、节能、舒适、高效的目的，因此智能照明在家居领域、办公领域、商务领域及公共设施领域均有较好发展前景。目前，中国智能照明市场并未成熟，智能照明的应用领域还主要集中在商务领域和公共设施领域，酒店、会展场馆、市政工程、道路交通领域内对智能照明的采纳使用较多。此外，办公建筑和高端别墅项目也有采用智能照明的。随着国内智能照明研发生产技术的发展和产品推广力度的加大，家居领域的智能照明应用有望得以普及。

# 第八章　室内设计常用材料与工艺

在进行室内设计时，需要一定的材料和工艺作为保障，以便可以做出使人满意的效果。因此，室内设计所需的材料就值得人们去认真挑选、使用。同时，室内设计的主要工艺集中在三个方面，即地面、墙面和顶面。本章主要论述的对象就是室内设计常用材料与工艺，从地面装饰材料与施工工艺、墙面装饰材料与施工工艺、顶面装饰材料与施工工艺三个方面展开论述。

## 第一节　地面装饰材料与施工工艺

### 一、地面装饰设计的要点

楼地面的装修设计通常都需要考虑使用层面的要求：普通的地面应该有足够的耐磨性与耐水性，并且需要方便清扫与维护；浴室、厨房、实验室等空间的地面应该符合更高的防水、防火、耐酸、耐碱等要求；经常会有人停留的空间如办公室等场所中，地面应该具有一定的弹性以及比较小的传热性；对于某些楼地面来说，可能还会有比较高的声学要求，如为减少空气传声，要严堵孔洞与缝隙，为了进一步减少固体的传声，要进一步去做隔声层等。

楼层的地面面积相对比较大，其图案、质地、色彩会给人留下相对较为深刻的印象，甚至还可能会影响到整个空间的氛围。

选择地面的图案需要要充分考虑到空间的功能及其性质：

在没有多少家具或者家具仅仅是布置在周边的大厅、过厅之中时，楼地面可选用的中心较为突出的团花图案，并和顶棚的造型与灯具保持对应，以便能够显示出空间的华贵与庄重（图 8-1）。在一些家具覆盖率相对比较大或者采用的是非对称布局的居室、客厅、会议室等空间之中，应该优先选取一些几何形的图案或者网格形的图案，可以带给人一种平和稳定之感（图 8-2）。如果依旧是采用中心比较突出的团花图案的话，其图案在很大程度上可能会被家具所覆盖而不能完整地显示出原有的面貌。有一些空间或许也需要一定的导向性，不妨使用斜向的图案，使它们可以发挥出诱导、提示的重要作用。在当代的室内设计过程中，设计师为了追求一种比较朴实、自然的情调，往往都会故意在室内设计一些类似街道、广场、庭院的地面，其材料通常是大理石碎片、卵石、广场砖以及凿毛的石板。图 8-3 所示的是两个利用了大理石碎片铺砌的地面，其中之一，外形为三角形或者多边形，粗犷而有力但却不失趣味性；其中之二，外形比较圆滑，总体来看效果更为自由与圆润。诸如这类地面，常常会用在茶室或者四季厅中，如可以和绿化、水、石等进行配合，空间的气氛往往会显得更活跃和轻松。图 8-4 所示的是一种利用了粗细程度完全不等的石板铺砌而成的地面，能够让人联想到街道和广场，体现出内部空间的外部化意图。

图 8-1 团花地面示意

图 8-2 网格地面示意

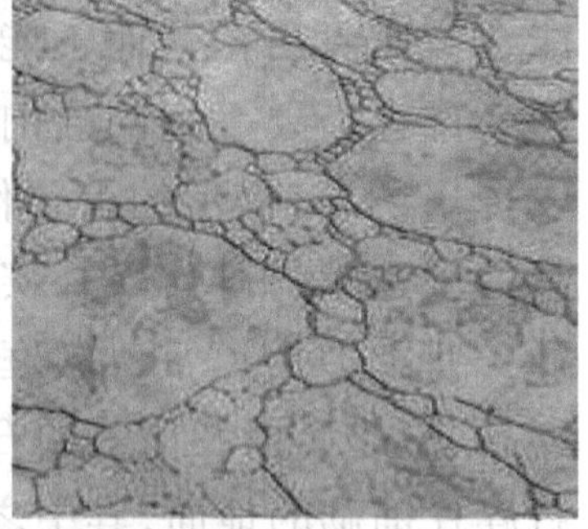

图 8-3 大理石碎片铺砌的地面示意

图 8-4 粗细石板铺装地面示意

## 二、石材材料装饰与工艺

### （一）花岗石地面

地面上使用的石材大多是磨光花岗石，这是由于花岗石要比大理石更加耐磨,也更具有耐碱、耐酸性。有些地面往往都有较多的拼花,为了让色彩变得更加丰富,纹理多样,也掺杂使用一些大理石。石地面通常会比较光滑、平整、美观、华丽,大多用在公共建筑的大厅、过厅、电梯厅等场所(图 8-5)。

图 8-5 花岗石地面

为了能够体现出石材质感的丰富性,有时也是为了防滑,石地面通常都会搭配使用一些表面比较粗糙的石板。在一些田园风情十足以及古朴素雅的环境之中,也多采用表面更加粗糙的青石板。

上述石板在装饰的时候均可以直接贴于水泥砂浆上。在装饰工艺方面,花岗岩在大小上也可以随意进行加工,主要是用来铺设室内地面的厚度为 20 ~ 30 毫米,铺设家具台柜的厚度一般是 18 ~ 20 毫米。市场上现在零售的花岗岩宽度通常在 600 ~ 650 毫米,长度大约也在 2 000 ~ 5 000 毫米不等。特殊品种往往也会有加宽加长的类型,可以打磨边角。

(二)大理石地面

大理石原来是指出产于云南大理一带的白色带有黑色花纹的石灰岩,古时候常常选取具有成型花纹的大理石用于制作画屏或者镶嵌画。后来,大理石渐渐发展成为称呼所有带各种颜色花纹的、用于作建筑装饰材料的石灰岩,白色大理石通常也都可以称之为汉白玉。

除汉白玉、艾叶青等一些比较常见的品种之外,大理石不宜用在室外装饰之中，城市的空气中含有的大量的二氧化硫，会和大理石中的碳酸钙发生化学反应，生成一种易溶于水的石膏，让大理石的表面失去光泽，从而造成粗糙多孔的形状，进而能够极大地降低大理石表面的强度，并且还直接会影响大理石的装饰效果。

天然大理石装饰板往往都是使用天然大理石荒料经过一特定的加工，表面经过粗磨、细磨、半细磨、精磨和抛光等工艺制作而成的。天然的大理石在质地上非常致密，但是硬度比较小，非常容易加工、雕琢以及磨平、抛光等，但是强度远没有花岗石那么硬，在磨损率、碰撞率较高的部位使用需要慎重考虑。大理石在抛光之后光洁而细腻，纹理非常自然流畅，具有比较好的装饰性。天然的大理石大多用在宾馆、酒店大堂、会所、娱乐场所、部分居住环境等室内的墙面、地面（图 8-6）、台面、窗台板、踏脚板等位置，也可以用于雕刻比较精美的文具、灯具、器皿等艺术品。

**图 8-6　大理石地面**

## 三、陶瓷材料装饰与工艺

### （一）瓷砖地面

瓷砖的种类极多，从表面的状况来看主要分为普通的、抛光的、仿古的与防滑的，对于颜色、质地以及规格而言，分类则更多了。抛光砖大都是模仿石材制作而成的，外观好像大理石与花岗石，规格主要有 400 毫米 ×400 毫米、500 毫米 ×500 毫米和 600 毫米 ×600 毫米等多种，最大的能够达到 1 米见方，厚度一般在 8 ~ 10 毫米。

仿古砖的表面相对比较粗糙，颜色较为素雅，有古拙自然之感。防滑砖表面不平，有凸有凹，大多用在厨房等场所(图 8–7)。

图 8–7 瓷砖地面

铺瓷砖的时候需要考虑其工艺，应该先作 20 毫米厚的 1∶4 干硬性水泥砂浆结合层，并且在上面撒上一层素水泥，边撒清水边进行瓷砖铺装。瓷砖之间可以留一条窄缝或者宽缝，窄缝的宽度约为 3 毫米，需使用干水泥擦严，宽缝宽约为 10 毫米，需用水泥砂浆勾缝。有一些时候，尤其是在使用抛光砖时，往往都是用紧缝的工艺，即把砖尽量挤紧一些，主要目的就是取得更为平整光滑的效果。

### (二) 马赛克地面

#### 1. 马赛克地面概念

马赛克属于一种尺寸相对比较小的瓷砖，主要可以分为方形、矩形、六角形以及八角形等形状。方形的尺寸主要是 39 毫米 ×39 毫米、23.6 毫米 ×23.6 毫米与 18.05 毫米 ×18.05 毫米，厚度均为 4.5 毫米或 5 毫米。

为了便于施工，小块的马赛克瓷砖还在工厂加工时，就已经被贴于 300 毫米 ×300 毫米或者 600 毫米 ×600 毫米的牛皮纸上了。在施工的时候，先在基层上做好 20 毫米厚的水泥砂浆结合层，并且在上面撒上水泥，之后则将大张的马赛克纸面朝上铺上去，待结合层初凝以后，再用清水洗掉牛皮纸，也就能够让马赛克整齐地露出来了。马赛克具有瓷砖的优点,使用在面积小些的厨房、洗手间(图 8-8)的时候,效果非常显著。

图 8-8 洗手间的马赛克地面

现在的马赛克经过现代工艺打造之后,在色彩、质地、规格等多方面都呈现出多元化发展的趋势,并且品质非常优良。通常都是由数十块小砖拼贴在一起的,小瓷砖的形态多种多样,有方形、矩形、六角形、斜条形等多种形态,十分小巧玲珑。陶瓷马赛克具有典型的防滑、耐磨、吸水率小、耐酸碱、抗腐蚀、色彩十分丰富、不易褪色等特征。

2. 马赛克地面的类型

见图 8-9 所示。

(1)大理石马赛克。大理石马赛克是中期发展的一种马赛克品种,丰富多彩,但其耐酸碱性差、防水性能不好,所以市场反映并不是很好。

(2)陶瓷马赛克。陶瓷马赛克的体积是各种瓷砖中最小的,一般俗称块砖。陶瓷马赛克给人一种怀旧的感觉,因为它曾是十几年前装饰墙和地面的材料。

(3)玻璃马赛克。玻璃马赛克种类较多,其中比较常见的包括熔融玻璃马赛克、烧结玻璃马赛克、金星玻璃马赛克。

(4)贝壳马赛克。采用河流或大海里面的天然贝壳材料做成,具有无毒、无辐射、环保等特点。

（5）铝塑板马赛克。优点：铝塑板颜色丰富，表面工艺有拉丝、闪光、图画、镜面、石纹、木纹等多种；颗粒表面有树脂层保护，色彩光泽始终如一；颗粒与海绵背胶直接粘贴，最轻；工程简单，直接粘贴，无须刷泥填缝。

缺点：表面是树脂保护层，不能做地砖；价位中高档。

（6）不锈钢马赛克。优点：不锈钢板成本低，产品价位中低档；耐磨，可作地面装饰。

缺点：颜色单一，多为金银色，表面工艺仅有拉丝、镜面；表面易氧化而使色泽暗淡，劣质者有锈斑。不锈钢表皮、陶瓷颗粒、背网三者粘贴，颗粒易剥落，较重，安装需刷泥填缝。

（7）铝合金马赛克。优点：颗粒为铝制，强度有保证，可二次加工，做出镭射、幻影、旋圈等效果；耐磨，可作地面装饰。

缺点：颜色单一，无图画或其他材质效果，表面工艺限拉丝或镜面；较重，安装需刷泥填缝，价格偏高。

除此之外，还有混合材质的马赛克。

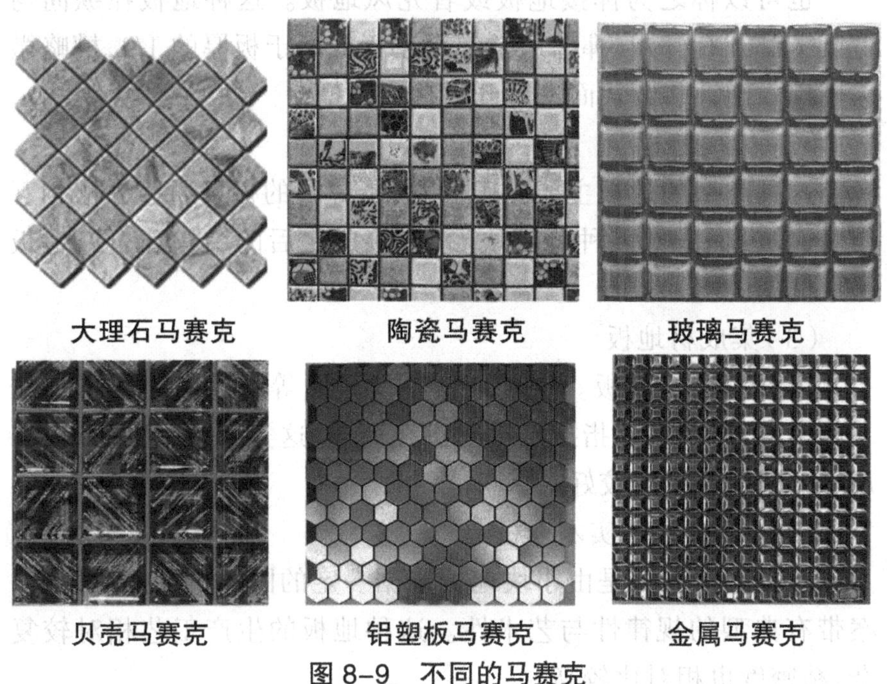


图 8-9　不同的马赛克

## 四、地板材料装饰与工艺

### （一）实木地板

实木地板通常都是采用天然木材经过烘干、加工之后形成的一种地面装饰材料。它主要呈现出来的是天然原木纹理与色彩图案，给人一种非常自然、柔和、富有亲和力的质感。同时，因为它具有冬暖夏凉、触感良好的特性，也让它逐渐成为卧室、客厅、书房等地面装修较为理想的材料之一。实木地板主要可以分为AA级、A级、B级三个等级，AA级的质量是最好的。

1. 装饰工艺

对于地板的装饰工艺而言，主要根据不同的类型进行铺装（图8-10），一般分为以下几种铺装方式。

（1）企口实木地板

也可以称之为榫接地板或者龙凤地板。这种地板在纵向与宽度上都开有榫槽，榫槽通常都会小于或等于板厚的1/3，槽略微大于榫。绝大多数背面也都开了抗变形槽。

（2）指接地板

这种类型的地板主要是由等宽、不等长的板条通过榫槽相互结合、胶粘而成的一种地板块形式，接成之后的结构和企口地板是一样的。

（3）集成材地板

也称为拼接地板。这种地板主要是由等宽的小板条拼接在一起来的，再由多片指接材横向拼接而成，这类地板幅面比较大，尺寸的稳定性相对较好。

（4）拼方、拼花实木地板

这种地板主要是由小块地板根据一定的图形拼接组成，其图案带有典型的规律性与艺术性。这种地板的生产工艺相对较复杂，精密度也相对比较高。

（5）仿古实木地板

这种地板的表面主要是用艺术形式，通过一种比较特殊的加工方法，制成的带有经典古典风格的实木地板。

实木地板单锁扣

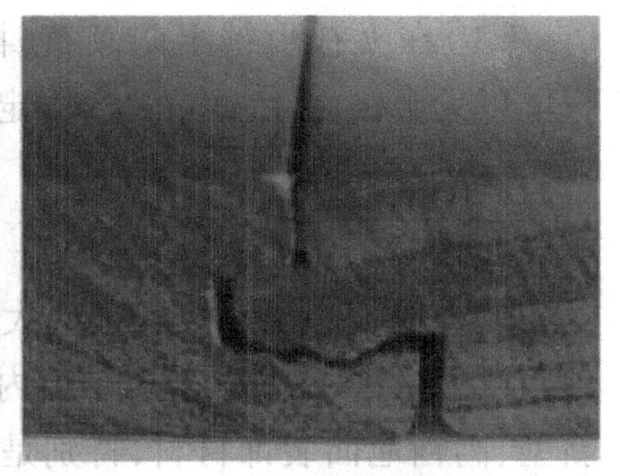
实木地板双锁扣

图 8-10　实木地板

2. 优缺点

实木地板的优点：

（1）有天然材色、年轮和纹理，自然美观，具有突出的视觉效果。

（2）弹性好，磨擦系数小，脚感舒适。

（3）有良好的保温、隔热、隔音、吸音、绝缘性能。

（4）用旧后可经过刨削、除漆后再次油漆翻新。

实木地板的缺点如下：

（1）干燥要求较高，不宜在湿度变化较大的地方使用，否则易发生胀、缩变形。

（2）怕酸、碱等化学药品腐蚀，怕灼烧。

3. 安装方法

实木地板适用于地面平整度不超过 5 毫米及二楼以上的地面，采用专用木龙骨 + 厚夹板 + 防潮布 + 地板的安装方法安装。

安装步骤：

（1）备好专用木龙骨（2 × 3、4 × 6），木龙骨之间间距小于等于 350 毫米，架面必须平整。

（2）在木龙骨上涂上耐水胶粘剂，将厚度为 12 毫米左右的夹板铺在骨架上,夹板应锯切成不大于600毫米 ×600毫米规格,夹板与夹板之间间距5 ~ 10毫米,再用气枪将无头钉打入夹板与骨架上固定。

(3)在夹板上铺上防潮布,再在防潮布上铺上地板,并在公榫上以无头钉的45° 角钉入固定地板。

### (二)复合地板

复合地板主要可以分为两大类,即实木复合地板与强化复合地板(图8-11),是近年来在国内装饰材料市场一直非常流行的新型、高档地面装饰材料,特别是国外生产的复合地板,占有非常大的市场份额。

实木复合地板主要是由各种不同的树种板材交错层压制而成,极大地克服了实木地板单向同性的缺点,干缩湿胀率相对变小,具有非常好的尺寸稳定性,并且还保留了实木地板的自然木纹以及舒适的脚感。实木复合地板兼有强化地板的稳定性和实木地板的美观性两种优点,并且还具有典型的环保优势。

实木复合地板不仅具有实木地板木纹优美、自然的特性,同时还极大地节约了优质珍贵的木材资源。表面大多涂刷了5遍以上的优质UV涂料,不但具有非常理想的硬度、耐磨性、抗刮性,同时还具有阻燃、光滑的特性,方便进行清洗。芯层大多数情况下都采用的是能够轮番砍伐的速生材料,也可以使用比较廉价的小径材料或各种硬、软杂材等来源比较广泛的材料进行制作,并且也不必考虑避免木材出现的多种缺陷,出材率比较高,成本则大大降低,其弹性、保温性等也都完全不低于实木地板。正是由于实木复合地板所具有的上述优点,还摒弃了强化复合地板带来的缺点,同时进一步节约了大量自然资源,因此在欧美国家已经成为家装过程中首选的地板。

强化复合地板通常也可以称为浸渍纸层压木质地板,主要是以一层或多层专用的纸浸渍热固性氨基树脂,铺装于刨花板、高密度纤维板等一些现代的人造板基材表面,背面加上平衡层,正面则加上耐磨层，经热压成型的木地板。

强化复合地板主要是由耐磨层、装饰层、基层、平衡层组成的。

实木复合地板

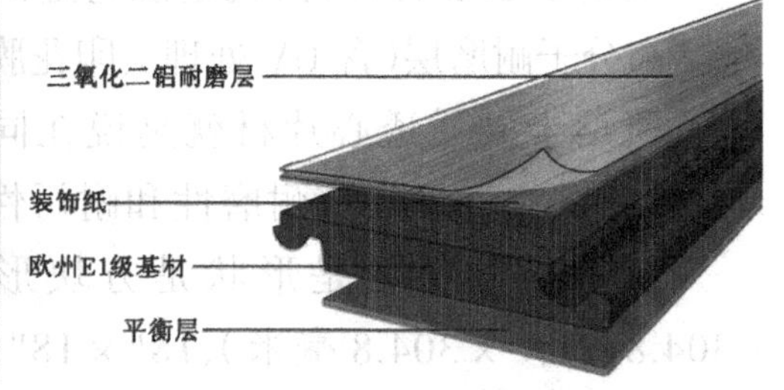


强化复合木地板

图 8–11　复合地板

实木复合地板分为三层实木复地板和多层实木复合地板。

安装步骤如下：

（1）清理地面，夹板应锯切成不大于 600 毫米 ×600 毫米规格，夹板与夹板之间预留 5 ~ 10 毫米的缝隙。

（2）在夹板上铺设防潮或阻燃性泡棉，墙边防潮布应多于地面 8 ~ 10 毫米，夹板与防潮布之间不用粘贴。

（3）再将地板铺在防潮布上，地板与防潮布之间不用粘贴，并在公榫上以无头钉 45° 角钉入固定地板。

（三）塑料地板

种类多，有块状和卷状之分。塑料地板的材性分为硬质、半硬质和软质三种。有单色、单底色大理石花纹、单底纹印花木纹等品种，主要适用于厨房、卫生间、洗衣房、储藏室、走廊、便餐室等的地面，也可用于宾馆、饭店、医院等公共建筑的地面铺设。

（四）石塑地板

属于 PVC 地板的一个分类。众所周知，PVC 地板分为卷材和片材，石塑地板即专指片材。从结构上主要分为同质透心片材、多层复合片材、半同质透心片材；从形状上分为方形材和条形材。

所谓同质透心片材，就是指它是上下同质透心的，即从面到底，从上到下，都是同一种花色。

所谓多层复合片材，就是说它是由多层结构叠压形成的，一般包括高分子耐磨层（含 UV 处理）、印花膜层、玻璃纤维层、基层等。

所谓半同质透心片材就是说在同质透心片材的表面加入了一层耐磨层，以增加其耐磨性和耐污性。

所谓方形材就是形状是方块形的，常规规格有 12"×12"（304.8 毫米 ×304.8 毫米）、18"×18"（457.2 毫米 ×457.2 毫米）和 24"×24"（609.6 毫米 ×609.6 毫米）三种。

所谓条形材就是形状是长条形的，常规的规格有 4"×36"（101.6 毫米 ×914.4 毫米）、6"×36"（152.4 毫米 ×914.4 毫米）、4"×46"（100 毫米 ×1200 毫米）、8"×36"（203.2 毫米 ×914.4 毫米）和 2 米 ×25 米 ×2.2 毫米（3 毫米）五种。

以上材料厚度均为 1.2 ~ 5.0 毫米，厚度越厚的产品，其各方面性能更好。

### （五）活动地板

采用优质合金冷轧钢板，经拉伸后点焊成形。外表经磷化进行喷塑处理，内腔填充发泡填料，上表面粘贴耐磨防火高压层板 HPL 或 PVC 板，四周镶嵌导电边条。活动地板具有质量轻、强度大、表面平整、尺寸稳定、面层质感良好、装饰效果佳等特点。此外，还有防火、防虫鼠侵害、耐腐蚀等性能。适用于邮电部门、大专院校、工矿企业的电子计算机房、载波机房、微波通信机房、电话自动交换机房、地面卫星机房、试验室、程控室、调度室、广播室，以及有空调要求的会议室、高级宾馆客厅、自动化办公室、通信枢纽、电视发射台、军事指挥站和其他有防静电要求的场所。活动地板是由可调支架、桁条及面板组成，支架一般有钢丝杆、铝合金、铸铁或优质冷轧钢板等种。桁条有角钢、锌板、优质冷轧钢板等多种。面板底面用铝合金板，中间由玻璃钢浇制成空心夹层，表面有聚酯树加抗静电剂、填料制成的抗静电塑料贴面；铸铝合金表面软塑料；平压刨花板双面贴三聚氰胺甲醛树脂装饰板；或采用双面贴塑刨花胶合板。采用导电涂料封边，除了密封垫采用导电橡胶条，交接部位均采用导电胶粘剂（图 8-12）。

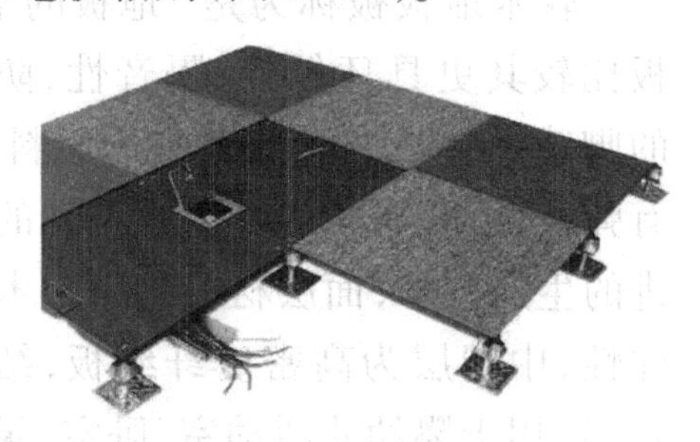

图 8-12　活动地板

（六）弹性地板

弹性地板是指地板在外力作用下发生变形，当外力解除后，能完全恢复到变形前形状的地板。这种地板又称为弹性地板。该地板使用寿命长达 30 ~ 50 年，具有卓越的耐磨性、耐污性和防滑性，富有弹性的足感令行走十分舒适。弹性地板因其优越的特性而倍受用户青睐，它们被广泛应用于医院、学校、写字楼、商场、交通、工业、家居、体育馆等场所（图 8-13）。

图 8-13　弹性地板

（七）软木地板

软木地板被称为是“地板的金字塔尖上的消费”。与实木地板比较其更具环保性、隔音性，防潮效果也更优秀，带给人极佳的脚感。它是以天然树皮为原料，温暖、消音又环保，粗犷、温馨有弹性，给时尚家居带来一种新的格调。软木面地板采用国际先进的生产技术，面层材料采用橡木，用特殊工艺制作，脚感柔软有弹性，中间层为高密度纤维板，结实耐用，底层采用软木平衡消音。适用于婴幼儿活动室、卧室、录音室、老板办公室及休息厅（图8-14）。

软木地板可分为粘贴式软木地板和锁扣式软木地板，根据不同树种的不同颜色，可以做成不同的图形。例如，NBA球场上面各个主场的logo都不一样。软木地板在国内拥有强大的市场。

图8-14　软木地板

## 五、地毯材料装饰工艺

地毯主要是以棉、麻、毛、丝、草等天然纤维或者化学合成纤维类的原料，经手工或者机械工艺加以编结、栽绒或者纺织而形成的高级地面装饰材料。地毯在全世界范围之内都存在着比较悠久的使用历史,不仅十分舒适实用,而且极富室内装饰的典型艺术效果,是很多国家的知名传统工艺品,比较知名的生产地区主要有伊朗、土库曼斯坦、意大利等。

地毯在室内空间中广泛应用,主要能起到保温防潮、方便坐卧、增加行走过程中的舒适度、防滑、隔音、吸尘、保护地面、装饰室内环境等多种作用。铺设地毯所使用的空间,相对于其他的区域而言总是可以给人一种比较高贵、华丽、美观、温馨、舒适的感觉,在不经意之间就会让人们身心放松、倍感亲切。

当前市面中的地毯产品种类非常多,颜色也从艳丽到淡雅,质地从柔软到坚韧,图案各异,规格丰富,已经发展出了覆盖高、中、低档的全系列产品,可以满足各个层次消费者的日常需求,在高级宾馆、会议大厅、办公室、贵宾室、迎宾通道、家庭地面装饰等都存在着地毯铺设。

(一)地毯的种类

1. 羊毛地毯

羊毛地毯分手工编织和机织两种。手工编织的羊毛地毯具有图案优美、色泽鲜艳、质地厚实、富有弹性、柔软舒适、经久耐用的特点。机织的羊毛地毯具有毯面平整、光泽度好、富有弹性、脚感舒适、抗磨耐用等特点。适合用于宾馆、饭店的客房、楼梯、楼道、宴会厅、酒吧间、会客室及家庭地面装饰(图 8-15 之 a)。

2. 挂毯

挂毯又称壁毯,常用纯羊毛、蚕丝、麻布等手工或机械编织而成,是室内墙饰的艺术壁挂。适用于高级宾馆、会客厅、会议大厅、家庭居室等。

3. 化纤地毯

化纤地毯的成分包括丙纶、腈纶、锦纶、涤纶,按工艺可分为簇绒地毯、针扎地毯、机织地毯、印刷地毯(图 8-15 之 b)。

(a)羊毛地毯

(b)化纤地毯

图 8-15 地毯

(二)地毯的铺设

地毯的铺设主要有固定式和不固定式两种,可以铺满房间,也可以局部铺设。

1. 不固定式铺设

将地毯平铺于地面,四周铺至要求的位置,或铺至墙根。如果地毯需要连接,则需在铺设前将地毯接缝处粘拼整齐。地毯与地毯间接缝的方法是:在地毯接缝下衬一条 100 毫米宽的麻布条,涂上胶粘剂,涂胶量 0.8 千克 / 平方米,然后对齐、压平即可。如果要铺双层地毯,则选择上层浮铺 5 ~ 10 毫米厚地毯,下层铺 5 毫米厚橡胶泡沫地毯衬垫。

2. 固定式铺设

这种铺设有以下三种办法。

(1)粘贴法

地毯与找平层粘贴时,沿地毯四周涂胶粘剂,涂胶宽度为 100 ~ 150 毫米,涂胶量为 0.05 千克 / 平方米;也可在地面上用胶粘剂涂成若干 1 米见方的方格再铺上地毯。

(2)卡钩固定法

这种方法是在房间四周地面上用钢钉安设带卡钩的木条,将地毯张紧挂在卡钩上即可。卡钩宽 25 毫米左右,离开墙面 20 毫米左右。1 200 毫米 ×24 毫米 ×6 毫米,钉间距 400 毫米,距两端 100 毫米。铝合金倒刺板：长度为 1 米、2 米(图 8-16)。

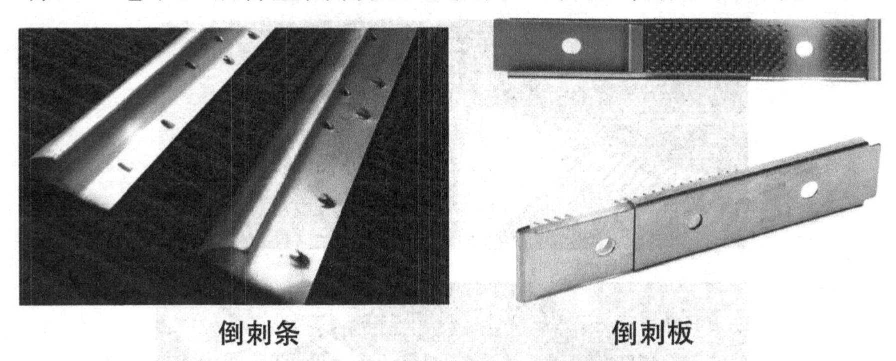


图 8-16 固定式铺设材料

(3)压条固定法

在地毯周边放 20 毫米 ×30 毫米或 10 毫米 ×25 毫米木压条，用特制钢钉将压条和地毯钉入混凝土楼板上。

这三种固定铺设地毯的方法，比较适用于居室装饰不经常变动的房间(图 8-17)。

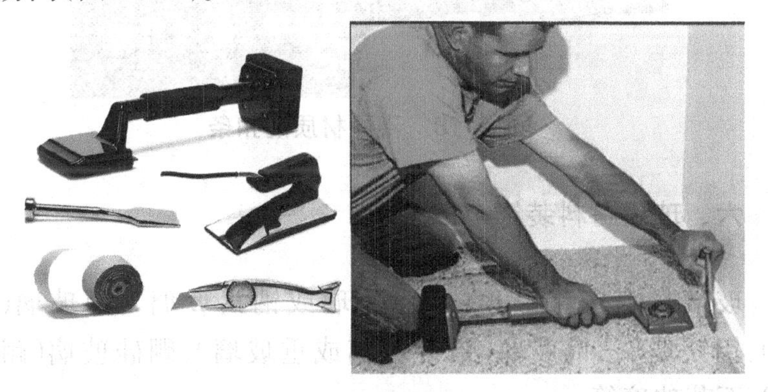

图 8-17 铺地毯的工具与方法

3. 细节处理

扣条也称压条，是在相同或不同材质之间的平面衔接部分安装的条状材料。例如，地板和踢脚线之间、地板和地砖之间，天花板之间等。因为不同材质的膨胀率不同，扣条盖在接缝上可以为这种差异提供余量，防止拱翘，也起到收边收口的美化作用。

常见的扣条材质有实木、强化复合木、不锈钢、铝合金、铜、纤维板、PVC 等(图 8-18)。

图 8-18　不同材质的扣条

## 六、玻璃材料装饰与工艺

玻璃材料分钠玻璃(普通玻璃或钠钙玻璃)、钾玻璃(硬玻璃)、铝镁玻璃、铅玻璃(铅钾玻璃或重玻璃)、硼硅玻璃(耐热玻璃)、石英玻璃等。

玻璃的加工方式有冷加工(研磨、抛光、喷砂切割与钻孔)、热加工、表面处理(化学刻蚀、化学抛光、表面金属涂层)等。

### (一)普通平板玻璃

(1)3 ~ 4 厘玻璃。"毫米"在日常中也称为厘。我们所说的 3 厘玻璃,就是指厚度为 3 毫米的玻璃。这种规格的玻璃主要用于画框表面。

（2）5 ~ 6 厘玻璃。主要用于外墙窗户、门扇等小面积透光造型等。

（3）7 ~ 9 厘玻璃。主要用于室内屏风等较大面积但又有框架保护的造型之中。

（4）9 ~ 10 厘玻璃。可用于室内大面积隔断、栏杆等装修项目。

（5）11 ~ 12 厘玻璃。可用于地弹簧玻璃门和一些活动人流较大的隔断之中。

（6）15 厘以上玻璃。一般市面上销售较少，往往需要订货，主要用于较大面积的地弹簧玻璃门和外墙整块玻璃墙面。

（二）钢化玻璃

包括全钢化玻璃、半钢化玻璃、区域钢化玻璃、平钢化玻璃、弯钢化玻璃。它是普通平板玻璃经过再加工处理而成一种预应力玻璃，可以加工成玻璃门、建筑玻璃幕墙、自动扶梯围栏、电话亭、展示柜等（图 8-19）。

图 8-19 钢化玻璃的应用

钢化玻璃相对于普通平板玻璃来说，具有两大特征。

第一，前者强度是后者的数倍，抗拉度是后者的 3 ~ 5 倍或以上，抗冲击强度是后者的 5 ~ 10 倍或以上。

第二，钢化玻璃不容易破碎，即使破碎也会以无锐角的颗粒形式碎裂，可大大降低对人体的伤害。

（三）夹层玻璃

一般由两片普通平板玻璃（也可以是钢化玻璃或其他特殊玻璃）和玻璃之间的有机胶合层构成。当受到破坏时，碎片仍黏附在胶层上，避免了碎片飞溅对人体的伤害。多用于有安全要求的装修项目。包括减薄夹层玻璃、遮阳夹层玻璃、电热夹层玻璃、防弹夹层玻璃、玻璃纤维增强夹层玻璃、报警夹层玻璃、防紫外线夹层玻璃、隔声玻璃（图 8-20）。

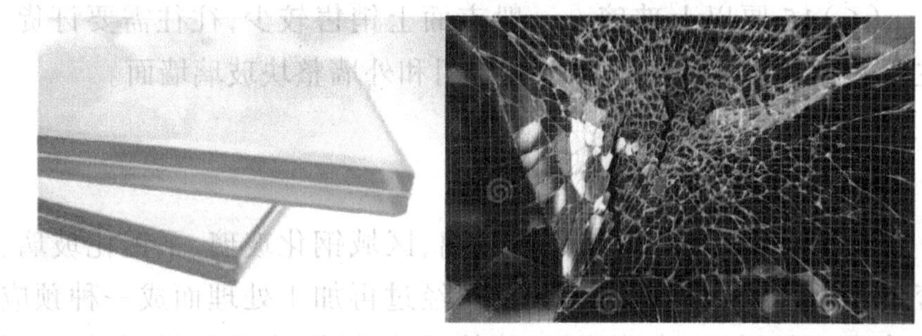

图 8-20　夹层玻璃

（四）中空玻璃

多采用胶接法将两块玻璃保持一定间隔，间隔中是干燥的空气，周边再用密封材料密封而成，主要用于有隔音要求的装修工程之中（图 8-21）。

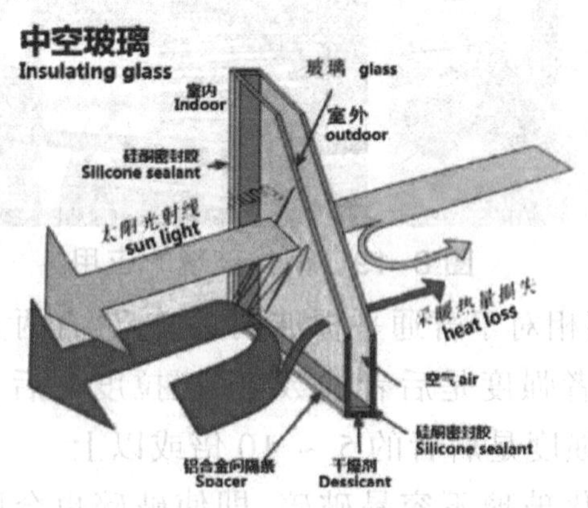


图 8-21　中空玻璃

（五）玻璃砖

玻璃砖的制作工艺基本和平板玻璃一样，不同的是成型方法，其中间亦为干燥的空气，多用于装饰性项目或者有保温要求的透光造型之中。玻璃砖的尺寸规格很多，主要有以下规格：115毫米×115毫米×70毫米、115毫米×115毫米×80毫米、145毫米×145毫米×80毫米、190毫米×190毫米×80毫米、190毫米×90毫米×80毫米、190毫米×190毫米×95毫米、197毫米×197毫米×97毫米、240毫米×240毫米×80毫米、300毫米×300毫米×100毫米、330毫米×330毫米×100毫米、500毫米×500毫米×100毫米。其中，常见规格为190毫米×190毫米×80毫米，小砖规格为145毫米×145毫米×80毫米，厚砖规格为190毫米×190毫米×95毫米、145毫米×145毫米×95毫米，特殊砖规格为240毫米×240毫米×80毫米、190毫米×90毫米×80毫米等。

玻璃砖的使用范围如下。

190毫米×90毫米×80毫米规格玻璃砖：大小适当，宽厚居中，可以迎合一般的需要，是各种墙体、隔断及其他建筑物的常用砖，是花色比较全的常规玻璃砖，被国内外广泛采用。

240毫米×240毫米×80毫米规格的玻璃砖，单元面积比较大，容易保持墙面的整体效果，简练朴素，落落大方，远视感觉尤其清晰，比较适合大面积的墙体和隔断砌筑，特别能够和其他规格的砖组合使用。

240毫米×115毫米×80毫米规格的玻璃砖，是长条形，有对比，显得挺拔，有上升感。习惯于用作弧型、圆柱形的墙体砌筑，是各种建筑和设施都适用的弧度墙专用砖。

190毫米×190毫米×95毫米规格的玻璃砖，厚重稳实、坚固耐用，大小适中，安全可靠，适合各种外露围墙，建筑物的配套外墙，以及其他一些隔离墙体，花园别墅、住宅上区公共建筑的外墙大多喜欢采用它。

145 毫米 ×145 毫米 ×95 毫米（80 毫米）规格的玻璃砖，玲珑秀丽，适合性强，经常使用在高档商务区和办公区的墙体上，是国外（尤其在日本）最为流行的墙体材料。

115 毫米 ×115 毫米 ×80 毫米规格的玻璃砖，是最小的迷你型玻璃砖，细致灵巧，轻盈秀丽，施工上有着极强的适合性，比大型砖在尺度配合方面具有许多优势，墙面整体效果十分精致。

300 毫米 ×300 毫米 ×100 毫米规格的玻璃砖，最为宽广厚重，但国内现不能生产。

另外，还有其他规格的玻璃砖，如弧边砖、角砖、三角形砖、六棱砖等异形砖（图 8-22）。

图 8-22　玻璃砖的使用

（六）装饰玻璃

装饰玻璃的类型主要有彩色玻璃、釉面玻璃、玻璃锦砖、压花玻璃、毛玻璃、镭射玻璃、冰花玻璃、彩绘装饰玻璃等（图 8-23）。

压花玻璃是采用压延方法制造的一种平板玻璃，其最大的特点是透光不透明，多使用于洗手间等装修区域。

毛玻璃根据工艺分为磨砂玻璃和喷砂玻璃。磨砂玻璃也是在普通平板玻璃上面再磨砂加工而成，一般厚度多在 9 厘以下，以 5 ~ 6 厘厚度居多。喷砂玻璃在性能上基本与磨砂玻璃相似，不同的是改磨砂为喷砂。

彩色玻璃

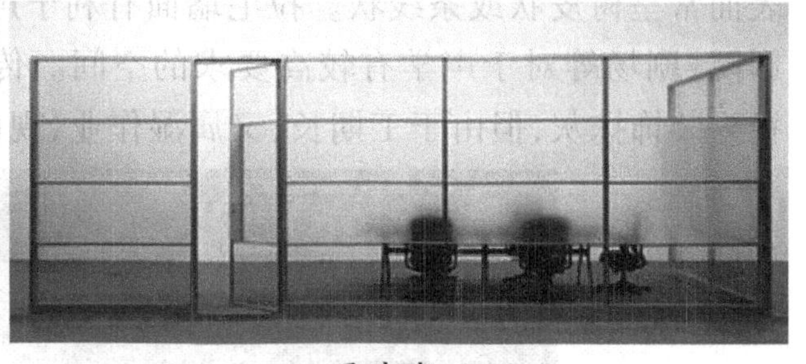

毛玻璃

图 8-23　玻璃材质

## 第二节　墙面装饰材料与施工工艺

### 一、墙面装饰材料

（一）抹灰类

抹灰类通常分为抹灰与装饰性抹灰，一般抹灰饰面指水泥砂浆、石灰砂浆、混合砂浆等。一般抹灰构造分三层：粗底涂、中底涂、表涂。装饰型抹灰面层施工工艺包括拉条抹灰、拉毛抹灰、假面砖、喷涂。石渣类抹灰饰面包括水刷石、干沾石、斩假石。

装饰抹灰的底层和中层与普通抹灰相同，面层则使用特殊的胶凝材料或工艺，而且具备多种颜色或纹理。装饰抹灰的胶凝材料有普通水泥、矿渣水泥、火山灰水泥、白色水泥和彩色水泥等，有时还在其中掺入一些矿物颜料及石膏，其骨料则有大理石、花岗石渣及玻璃等。从工艺上看，常见的“拉毛”可算是装饰抹灰的一种。其基本做法是用水泥砂浆打底，以水泥石灰砂浆为面层，在面层初凝而未凝之前，用抹刀或其他工具将表面做成凸凹不平的样子。其中，用板刷拍打的，称大拉毛或小拉毛（图 8-24）；用小竹扫洒浆扫毛的称洒毛或甩毛；用滚筒压的视套板花纹而定，表面常呈树皮状或条线状。拉毛墙面有利于声音的扩散，多用于影院、剧场等对于声学有较高要求的空间。传统的水磨石，也可视为装饰抹灰，但由于工期长，又属湿作业，现已较少使用。

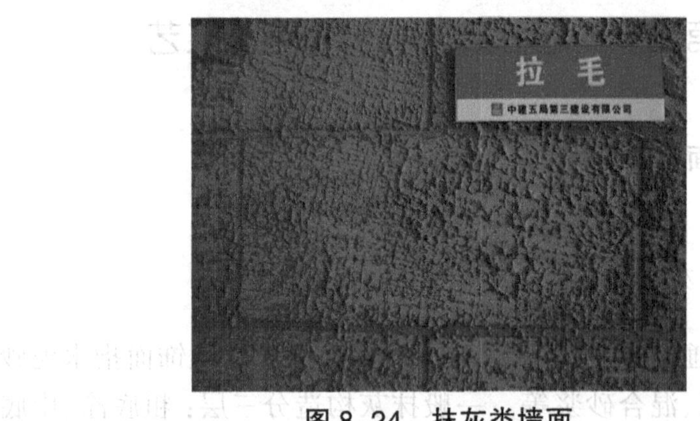


图 8-24　抹灰类墙面

（二）石材

装修墙面的石材主要可以分为天然石材和人造石材两大类。前者主要是指开采之后进行加工形成的块石和板材，后者主要是以天然石渣作为骨料制成的板材。

用石材装修墙面需要精心选择色彩、花纹、质地与图案，还需要注意拼缝的形式和与其他材料之间的搭配、衔接。

1. 天然大理石墙面

天然大理石通常都是变质或者沉积的碳酸盐类岩石类型，其主要特征就是组织十分细密，颜色多样，纹理美观。和花岗石相比来看，大理石在耐风化性能与耐磨、耐腐蚀性能方面表现稍差，所以很少用在室外与地面。

大理石墙面在做法上主要可以分为三大类：传统挂贴法、干挂法、直接粘贴法。这里仅对干挂法与直接粘贴法进行论述。

干挂法也称作空挂法，具体做法主要是利用高强螺栓与高强、耐腐蚀的柔性连接件把石板直接挂到墙体上或者钢制骨架上，石板和墙体之间留有 80 ~ 90 毫米的缝隙，其间不灌水泥砂浆。干挂法通常会用在钢筋混凝土的墙体上，不可用于砖墙与加气的混凝土墙。

直接粘贴法主要是一种用大力胶直接把石板粘贴于墙体上的方法，这种墙面在高度上不宜超过 3 米，石板厚度相对要薄些，如 6 ~ 12 毫米。

采用大理石墙面，一定要让墙面平整，接缝应做到准确，并且还需要做好阳角和阴角。

大理石护墙板在做法方面相对比较简单，由于它在高度上很少超过 3 米，所以可以直接使用粘贴法把石板粘于墙体上（图 8-25）。

2. 天然花岗石墙面

天然花岗石属于岩浆岩，主要的矿物成分为长石、石英和云母，所以要比大理石更坚硬、更耐磨、耐侵蚀。花岗石大多用在外墙与地面上，但是也可用在内墙面与柱面上，其构造和大理石墙面都是相同的。花岗石往往属于一种比较高档的装饰材料，花纹主要呈颗粒状，并且还伴有发光的云母微粒，磨光抛光者则好像镜面，可以显示出豪华富丽的气氛（图 8-26）。

图 8-25 天然大理石墙面

图 8-26 天然花岗石墙面

3. 人造石墙面

人造石重点是指预制水磨石、人造大理石以及人造花岗石。预制水磨石主要是以水泥(或其他的胶结料)与石渣作为原料制成的,比较常用的厚度是 15 ~ 30 毫米,面积是 0.25 ~ 0.5 平方米,最大规格可达 1 250 毫米 ×1 200 毫米。

人造大理石与人造花岗石主要是以石粉和粒径为 3 毫米的石渣作为骨料,以树脂作为胶结剂,经过搅拌、注模、真空振捣等一系列工序之后一次成型,再经过锯割、磨光制成的材料,花色与性能都可以达到甚至优于天然石材(图 8-27)。

图 8-27　人造石背景墙面

4. 天然毛石墙面

用天然块石装修内墙者不多,因为块石体积厚重,施工也较麻烦。常见的毛石墙面大都是用雕琢加工后的石板贴砌的。雕琢加工的石板,厚度多在 30 毫米以上,可以加工出各种纹理,通常说的“蘑菇石”即属于这一类。毛石墙面质地粗犷、厚重,与其他相对细腻的材料相搭配,可以显示出强烈的对比,因而常能取得令人振奋的视觉效果。使用毛石墙面的关键是合理选用立面与接缝的形式,图 8-28 为部分毛石墙面的立面和接缝形式。

图 8-28　室内毛石墙面

### （三）陶瓷

#### 1. 外墙面砖

外墙面砖的表面质感多种多样，通过配料和改变制作工艺，可获得平面、麻面、毛面、磨光面、抛光面、纹点面、仿大理石表面、压花浮雕表面、无光釉面、金属光泽面、防滑面、耐磨面等多种表面性状，也可获得丝网印刷、套花图案、单色、多色等效果（图 8-29）。釉面吸水率 0.5%。常用规格为：73 毫米 ×73 毫米、45 毫米 ×145 毫米、45 毫米 ×195 毫米、60 毫米 ×200 毫米、60 毫米 ×240 毫米、100 毫米 ×200 毫米、200 毫米 ×400 毫米。

**图 8-29　外墙面砖**

#### 2. 内墙面砖（釉面砖）

是用于建筑物内墙面装饰的薄板状精致制品，又称内墙面砖（图 8-30）。表面施釉，制品烧成后表面平滑光亮、颜色丰富多彩、图案五彩缤纷，是一种高级内墙装饰材料。釉面砖正面有釉，背面有凹凸纹，便于施工镶贴时与墙体粘结牢固。主要品种有白色釉面砖、彩色釉面砖、印花釉面砖及图案釉面砖等多种。所施的釉料主要有白色釉、彩色釉、光亮釉、珠光釉等。釉面砖主要用于建筑物室内的厨房、卫生间、餐厅等部分装饰。釉面吸水率 3%~6%。按釉面颜色分为单色（含白色）、花色和图案砖。形状分为正方形、矩形和配件砖。常用规格为：80毫米 ×80毫米，100毫米 ×100毫米，152毫米 ×152毫米，200毫米 ×200毫米，152毫米 ×200毫米，200毫米 ×300毫米，300毫米 ×450毫米，300毫米 ×600毫米。厚为：5毫米～6毫米。

图8-30 内墙面砖（釉面砖）

（四）板材类

包括竹条板、木板、胶合板、纤维板、石膏板、玻璃（平板、镜面）、金属（铝合金、不锈钢）等。

夹板，也称胶合板，行内叫细芯板，由三层或多层1毫米厚的单板或薄板贴热压制而成。手工家具常用材料为3厘板、6厘板、9厘板、12厘板等。

细木工板是用长短不一的小木条拼合成芯板，两面胶粘一层或二层胶合板或其他饰面板，再经加压制成。芯板常用松木、杉木、椴木、榆木等的木条。大芯板比细芯板便宜，竖向抗弯压强度差，横向抗弯压强度高，分为E0级、E1级、E2级，一般家装用E0级、E1级级，一般100平方米左右居室面积使用不超过30张。

密度板，这种板材属于纤维板的一种，主要有高中低密度板，遇水后无药可救，抗弯性能差，不能用于受力大的项目，厚度主要有3毫米、4毫米、5毫米三种。

欧松板尺寸一般为1.2米×2.4米厚度为0.3厘米、0.5厘米、0.9厘米、1.2厘米、1.8厘米

奥松板是一种进口的中密度板，是大芯板、欧松板的替代升级产品，特性是更加环保。

装饰面板，是将实木板精密刨切成厚0.2毫米左右的木皮，以夹板为基材制成的单面装饰作用板材。

防火板采用硅质、钙质材料与一定比例的纤维材料、轻质骨料、黏合剂、化学剂经蒸压技术制成。对粘贴胶水要求高，防火板厚度为0.8毫米 、1毫米、1.2毫米。

生态板（免漆板），在行业内还有多种叫法，常见的叫法有免漆板和三聚氰胺板。最初的叫法就是三聚氰胺板，可是由于中国奶制品污染事件，后来被迫改名，业内统称为免漆板，也有叫生态板的。将不同颜色或纹理的纸放入三聚氰胺剂中浸泡，干燥至一定的固化程度，将其铺装在刨花板、中密度板、装饰板等。

（五）涂刷类

按部位分为墙漆、木器漆、金属漆。墙漆包括外墙漆、内墙漆、顶面漆（乳胶漆）、水性漆。木器漆包括硝基漆、聚氨酯漆、聚酯漆、清漆、瓷漆。水性漆包括木器漆、锤纹漆、裂纹漆。

按功能分为防水漆、防火漆、防霉漆、防腐漆、防蚊漆、防锈漆、隔热漆、耐高温漆等。油漆表面效果分为透明、半透明、不透明。

涂料包括乳胶漆和水溶性涂料。乳胶漆（亚光、半光、中光、高光）由底漆（中涂）和面漆（罩光漆）组成。品牌有立邦（Nippon）、多乐士（Dulux）、华润（Huarun）、嘉宝莉（Carpoly）、三棵树（Skshu）、沙漠绿洲（Smoz）、美涂士（Maydos）、紫荆花（Bauhinia）、来威漆（Levis）、樱花（Kurapaint）等。

水溶性涂料包括仿瓷涂料、真石漆、幻彩涂。

另外，市场上还有墙衣、液体壁纸、硅藻泥等产品。

1. 墙、顶漆（内墙涂料）——手刷、喷漆、辊刷

（1）铲除原墙皮。新房原有腻子层或基层质量良好可不铲除，以利节约；老旧房灰砂墙面如质地较松散应全部铲除，用1∶3水泥砂浆抹平5～10毫米厚。

（2）用2108胶、双飞粉、熟胶粉等调和成灰腻子披整面墙一遍。

（3）墙面裂缝和接缝处贴防裂绷带，保温墙、轻质隔墙、灰砂墙应满贴的确良布或满钉石膏板作防裂处理。

（4）批刮821腻子2～3遍进行墙面找平。

（5）用砂纸打磨平整，局部修整再打磨。

（6）清除浮灰。

（7）滚涂或刷涂内墙涂料2～3遍（需底漆时刷底漆1遍）。

2. 木制品表面油漆——清油

（1）用调色腻子补钉眼。

（2）饰面板表面用透明腻子修补。

（3）用砂纸打磨板面。

（4）刷一遍漆。

（5）干透后用调配的腻子把钉眼和树疤再披一遍。

（6）干透后再用砂纸打磨。

（7）刷一遍漆。

（8）再打磨。

（9）再刷漆。

（10）用湿布把木器表面抹湿，用砂纸湿水后再打磨，称水磨。

（11）再刷最后一遍漆（一般刷漆4～8遍，方可有优质效果）。

3. 木制品表面油漆——混油普通做法

（1）用调色腻子补钉眼。

（2）批刮油腻子2～3遍。

（3）水砂纸打磨。

（4）手刷漆一遍。

（5）修补腻子并打磨。

（6）手刷漆一遍。

（7）水砂纸打磨。

（8）手刷面漆一遍。

共计刷漆 2 ~ 3 遍。

### （六）卷材类

包括墙纸、塑料墙布、玻璃纤维墙布、锦缎、丝绒、皮革、人造革等。

#### 1. 墙纸（布）

（1）塑料壁纸。包括普通 PVC 壁纸、发泡壁纸。

（2）天然壁纸。用天然材质入草本、藤、竹、叶材编制而成，有亲切自然、休闲、舒适的感觉，环保产品。

（3）其他面纸。木纤维壁纸，如软木、树皮类壁纸。还有石材、细砂类壁纸和麻草壁纸。

#### 2. 胶面壁纸

即表面为 PVC 材质的壁纸。

（1）纸底胶面壁纸。纺织纤维壁纸（锦缎壁纸、棉纺壁纸、化纤装饰壁纸）是目前使用最广泛的产品，在全世界的使用率占到 70% 左右。其特点是防水、防潮、耐用、印花精致，压纹质感佳。

（2）布底胶面壁纸。分为十字布底和无纺布底（NON WOVEN）两种。其特点是阻燃性质类布的坚韧性壁纸更佳，故耐用、耐磨、耐刮，适合人流量大的公共商业空间使用。

#### 3. 金属壁纸

是用铝箔、金箔制成的特殊壁纸，以金色、银色为主要色系。其特点是防火、防水，是华丽、高贵感。

此类壁纸在全世界的使用率较低，为 1% 左右。

4. 特殊功能壁纸

包括防水壁纸、防火壁纸、荧光壁纸、调温壁纸、液体壁纸。

5. 壁布（纺织壁纸）

表面为纺织品类材料，也可以印花、压纹。其特点是视觉舒适、触感柔和、吸音、透气、亲和性佳，外观典雅、高贵。

此类壁纸在全世界的使用率为5%左右，包括以下种类：（1）纱线壁布，用不同式样的纱或线构成图案和色彩。（2）织布布类壁纸，有平织布面和缇花布面和无纺布面。（3）植绒壁布，将短纤维植入底纸，产生质感极佳的绒布效果。（4）化纤壁布。

6. 软包材料

见图8-31所示，包括纺织材料（天然和化纤和皮革材料（天然皮草、人造皮革及合成革）。

软包构造方式有两种，即固定式和活动式。

现代图案壁纸

亚麻布纹壁布

图8-31 软包材料

## 二、墙面装修材料的施工工艺

### （一）墙纸、墙布装饰施工工艺流程

#### 1. 裱糊类墙面

裱糊类墙面指用墙纸、墙布等裱糊的墙面。

（1）裱糊类墙面的构造。墙体上用水泥石灰浆打底，使墙面平整。干燥后满刮腻子，并用砂纸磨平，然后用107胶或其他胶粘剂粘贴墙纸。

（2）裱贴墙纸、墙布主要工艺流程。清扫基层、填补缝隙→石膏板面接缝处贴接缝带、补腻子、磨砂纸→满刮腻子、磨平→涂刷防潮剂→涂刷底胶→墙面弹线→壁纸浸水→壁纸、基层涂刷黏结剂→墙纸裁纸、刷胶→上墙裱贴、拼缝、搭接、对花→赶压胶粘剂气泡→擦净胶水→修整。

（3）裱贴墙纸、墙布施工要点。基层处理时，必须清理干净，使其平整、光滑，防潮涂料应涂刷均匀，不宜太厚。

混凝土和抹灰基层：墙面清扫干净，将表面裂缝、坑洼不平处用腻子找平。再满刮腻子，打磨平。根据需要决定刮腻子遍数。

木基层：木基层应刨平，无毛刺、戗茬，无外露钉头。接缝、钉眼用腻子补平。满刮腻子，打磨平整。

石膏板基层：石膏板接缝用嵌缝腻子处理，并用接缝带贴牢。表面刮腻子。

涂刷底胶一般使用107胶，底胶一遍成活，但不能有遗漏。

为防止墙纸、墙布受潮脱落，可涂刷一层防潮涂料。

弹垂直线和水平线，是保证墙纸、墙布横平竖直以及图案正确的依据。

塑料墙纸遇水后胶水会膨胀，因此要用水润纸，使塑料墙纸充分膨胀。玻璃纤维基材的壁纸、墙布等，遇水无伸缩，无须润纸。复合纸壁纸和纺织纤维壁纸也不宜闷水。

粘贴后，赶压墙纸胶粘剂，不能留有气泡，挤出的胶要及时揩净。

（4）注意事项。

1）墙面基层含水率应小于8%。

2）墙面平整度达到用2米靠尺检查，高低差不超过2毫米。

3）拼缝时先对图案、后拼缝，使上下图案吻合。

4）禁止在阳角处拼缝，墙纸要裹过阳角20毫米以上。

5）裱贴玻璃纤维墙布和无纺墙布时，背面不能刷胶粘剂，中间将胶粘剂刷在基层上。因为墙布有细小孔隙，胶粘剂会印透表面而出现胶痕，影响美观。

2. 罩面类墙面装饰工艺流程

（1）木护墙板、木墙裙。木护墙板、木墙裙的构造为：在墙内埋设防腐木砖，将木龙骨架固定在木砖上，然后将面板钉或粘在木龙骨架上。木龙骨断面为20~40毫米 ×40~50毫米，木龙骨间距为400~600毫米。

（2）木护墙板、木墙裙施工工艺流程。处理墙面→弹线→制作木上龙骨架→固定木龙骨架→安装木饰面板→安装收口线条

（3）施工要点。

1）墙面要求平整。如墙面平整误差在10毫米以内，可采取抹灰修整的办法；如误差大于10毫米，可在墙面与龙骨之间加垫木块。

2）根据护墙板高度和房间大小钉做木棒经骨，整片或分片安装，在木墙裙底部安装踢脚板，将踢脚板固定在垫木及墙板上，踢脚板高度150毫米，冒头用木线条固定在护墙板上。

3）根据面板厚度确定木龙骨间尺寸，横龙骨一般在400毫米左右，竖龙骨一般在600毫米。面板厚度1毫米以上时，横龙骨间距可适当放大。

4）钉木钉时，护墙板顶部要拉线找平，木压条规格尺寸要一致。

5）木墙裙安装后，应立即进行饰面处理，涂刷清油一遍，以

防止其他工种污染板面。

（4）注意事项。墙面潮湿，应待干燥后施工，或做防潮处理。一是可以先在墙面做防潮层；二是可以在护墙板上、下留通气孔；三是可以通过墙内木砖出挑，使面板、木龙骨与墙体离开一定距离，避免潮气对面板的影响。

两个墙面的阴阳角处，必须加钉木龙骨。

如涂刷清漆，应挑选同树种、颜色和花纹的面板

### （二）石材类墙面装饰工艺流程

#### 1. 天然花岗石、大理石墙面的施工工艺

基层处理→安装基层钢筋网→板材钻孔→绑扎板材→灌浆→嵌缝→抛光。

#### 2. 青石板墙面构造和施工工艺

青石板墙面构造和施工工艺可采用与釉面砖类似的方法粘贴。青石板吸水率高，粘贴前要用水浸透。

家庭装饰中局部使用小规格石材和人造石材均可参照釉面砖粘贴方法。

### （三）贴面类墙面装饰工艺流程

#### 1. 贴面类装饰基本工艺流程

（1）粘贴釉面砖

基层清扫处理→抹底子灰→选砖→浸泡→排砖→弹线→粘贴标准点→粘贴瓷砖→勾缝→擦缝→清理。

（2）粘贴陶瓷面砖

清理基层→抹底子灰→排砖弹线→粘贴→揭纸→擦缝。

#### 2. 施工要点

基层处理时，应彻底清理墙面上的各类污物，并提前一天浇水湿润。混凝土墙面应凿除凸起部分，将基层凿毛，清除浮灰。

或用混合了107胶的水泥砂浆拉毛。抹底子灰后，待底层至6 ~ 7成干时，进行排砖弹线。

正式粘贴前必须粘贴标准点，用以控制粘贴表面的平整度，操作时应随时用靠尺检查平整度，不平、不直的要取下重粘。

瓷砖粘贴前必须在清水中浸泡2小时以上，以砖体不冒泡为准，取出晾干待用。

铺粘时遇到管线、灯具开关、卫生间设备的支承件等，必须用整砖套割吻合。

镶贴完，用棉丝将表面擦净，然后用白水泥浆擦缝。

3. 注意事项

（1）基层必须清理干净，不得有浮土、浮灰。旧墙面要将原灰浆表层清除。

（2）瓷砖必须浸泡后阴干。因为干燥板铺贴后，砂浆水分会很快被板块吸走，造成水泥砂浆脱水，影响其凝结硬化，发生空鼓、起壳等问题。

4. 贴面类墙面装饰工艺流程

玻璃砖应砌筑在配有两根f6 ~ f8钢筋增强的基础上。基础高度不应大于150毫米，宽度应大于玻璃砖厚度20毫米以上。

玻璃砖分隔墙顶部和两端应用金属型材，其槽口宽度应大于砖厚度10 ~ 18毫米或以上。

当隔断长度或高度大于1 500毫米时，在垂直方向每两层设置一根钢筋（当长度、高度均超过1 500毫米时，设置两根钢筋）；在水平方向每隔三个垂直缝设置一根钢筋。钢筋伸入槽口不小于35毫米。用钢筋增强的玻璃砖隔断高度不得超过4米。

玻璃分隔墙两端与金属型材两翼应留有宽度不小于4毫米的滑缝，缝内用油毡填充；玻璃分隔板与型材腹面应留有宽度不小于10毫米的胀缝，以免玻璃砖分隔墙损坏。

玻璃砖最上面一层砖应伸入顶部金属型材槽口10 ~ 25毫米，以免玻璃砖因受刚性挤压而破碎。

玻璃砖之间的接缝不得小于10毫米，且不得大于30毫米。

玻璃砖与型材、型材与建筑物的结合部，应用弹性密封胶密封。

#### （四）木龙骨隔断墙的施工工艺流程

##### 1.木龙骨隔断墙的施工流程

清理基层地面→弹线、找规矩→在地面用砖、水泥砂浆做地枕带（又称踢脚座）→弹线，返线至顶棚及主体结构墙上→立边框墙筋→安装沿地、沿顶木楞→立隔断立龙骨→钉横龙骨→封罩面板，预留插座位置并设加强垫木→罩面板处理。

##### 2.木龙骨隔断墙施工要点

木龙骨骨架应使用规格为40毫米 ×70毫米的红、白松木。立龙骨的间距一般在450~600毫米之间。

安装沿地、沿顶木楞时，应将木楞两端伸入砖墙内至少120毫米，以保证隔断墙与原结构墙连接牢固。

## 第三节 顶面装饰材料与施工工艺

顶面装饰也称为吊顶，其类型比较多，特别是当前室内设计也在不断推陈出新的时候，各种各样的装饰材料也被广泛地应用到装饰顶面中去。我们在这节主要论述的内容就是顶面装饰材料及其施工工艺。

### 一、顶面装饰材料

#### （一）石膏板

石膏板通常被用在制作吊顶与隔墙上。在这之前，更多的主要是把胶合板用在吊顶制作方面。但是随着石膏板的大力推广，由于其在防火性能上存在典型的优越性，逐渐取代了传统的胶合板吊顶，已经发展成了当前吊顶制作非常主流的材料。

石膏板分为普通纸面石膏板、装饰石膏板，还有一些功能性的吸音石膏板、防潮石膏板、防火石膏板等。

装饰石膏板规格有 300 毫米 ×300 毫米、300 毫米 ×600 毫米、500 毫米 ×500 毫米三种。

1. 纸面石膏板

纸面石膏板通常可以分为普通石膏板与防水石膏板，中间主要是以石膏料浆作为重要的夹芯层，两面主要使用牛皮纸作为护面，所以被人们称作纸面石膏板。纸面石膏板通常都具有表面平整、稳定性优良、防火、易加工、安装简单等多个优点。防水石膏板中往往还会添加上一些耐水外加剂，这类石膏板的耐水防潮性能十分优越，通常使用于湿度相对较大的卫生间和厨房等空间的墙面上（图 8-32）。

图 8-32 纸面石膏板

纸面石膏板属于石膏板中最常见的一类品种，在隔墙制作与吊顶制作过程中都得到了十分广泛地应用。纸面石膏板在厚度上主要有 9 毫米、9.5 毫米、12 毫米、15 毫米、18 毫米、25 毫米等规格，长度主要有 3 000 毫米、2 400 毫米、2 500 毫米等不同的规格，宽度主要有900毫米、1 200毫米等规格，可依据使用面积去选购合适大小的产品。

2. 装饰石膏板

装饰石膏板通常也属于石膏板中的一个非常常见的品种，与普通纸面石膏板的区别在于其表面往往都利用各种工艺与材料制成各类图案、花饰以及纹理，具有非常强的装饰性，所以也被人们称作装饰石膏板。主要品种包括石膏印花板、石膏浮雕板、纸面石膏装饰板等多类型。装饰石膏板与纸面石膏板往往会在性能上保持一样，但是因为装饰石膏板在装饰层面具有典型的优越性，除了应用在吊顶的制作方面之外，还能够用在装饰墙面以及装饰墙裙等位置(8-33)。

图 8-33　装饰石膏板

3. 吸音石膏板

吸音石膏板是一种带有非常强的吸音功能的特种石膏板类型，它主要是在纸面石膏板或装饰石膏板的基础上，打一些贯通石膏板的孔洞，或贴一层可以吸收声能的基本吸音材料，充分利用石膏板中的孔洞与添加的吸音材料达到吸音的基本效果，在一些包括影院、会议室、KTV、家庭影院等基本空间之中往往都会使用这类石膏板(图 8-34)。

图 8-34 吸音石膏板

（二）铝扣板

铝扣板通常都是使用轻质铝板进行一次冲压成型，外层再使用特种工艺喷涂漆料制作而成，由于属于铝制品，同时在安装的时候也会扣在龙骨上，因此称之为铝扣板。铝扣板的厚度通常为 0.4 ~ 0.8 毫米之间，主要可以分为条形、方形、菱形等多种形状。铝扣板在防火、防潮、防水、易擦洗方面具有很大的优势，价格比较便宜，施工相对简单，再加上其本身也具有典型的金属质感，兼具有美观性与实用性，是现在室内吊顶制作的一种重要的主流产品。在公共空间包括会议厅、办公室等都被人们大量地应用，家居中的厨房、卫生间也大量使用，处在一种统治性的地位之中。

从外表来看，铝扣板通常都是表面有冲孔与平面两种类型。表面冲孔可以让水蒸气毫无阻碍地向上蒸发至天花板，甚至还能在扣板内部铺上一层薄膜软垫，潮气可以透过冲孔直接被薄膜吸收，因此它是最适合水分比较多的场所使用的，如卫生间等。但是对于厨房一类的空间，则最好采用平面铝扣板，这是因为油烟很容易沾染到铝扣板天花上，如果采用冲孔铝扣板，油烟就能直接从孔隙中渗入，而平面铝扣板就不存在这方面的问题，在清洁上要方便很多（图 8-35）。

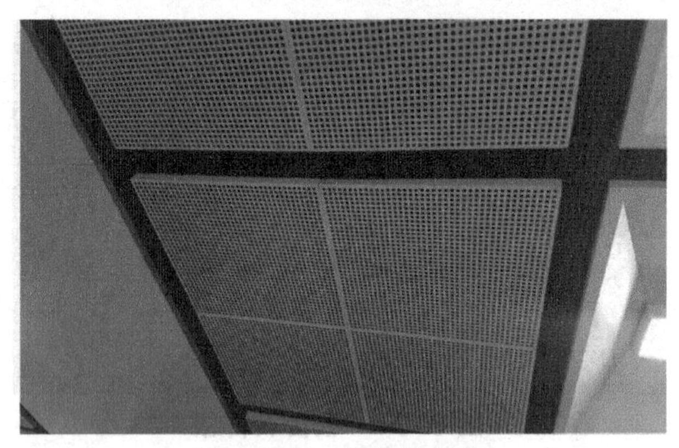

图 8-35　冲孔铝扣板

由于铝扣板的基材是金属材料，同时铝扣板自身也相对较薄，因此吸音、绝热功能并不太好，在一些办公室、会议室等场所中使用铝扣板当作吊顶材料的时候，通常都在铝扣板内部加上玻璃棉、岩棉等一些保温吸音材料，进一步增强其隔热与吸音的功能。铝扣板装饰实景效果如图 8-36 所示。

图 8-36　平面铝扣板的应用

（三）其他顶面材料

1. 夹板

夹板也称为胶合板，在石膏板吊顶盛行之前，夹板吊顶属于吊顶制作中的主流产品。制作天花板大多使用5毫米的夹板，相比于石膏板来说，夹板的最大优点就在于可以轻易地创造出各种各样的造型，甚至还包括弯曲型的。

夹板容易出现变形，且因其是木制品，故防火性能非常差。目前，夹板在很多家居装饰之中仍然有使用，主要用在制作比较复杂的造型天花板中，但是在很多公共场所内，由于其消防性能非常差，不能得到验收通过，因此现在很少被采用。夹板天花板实景效果如图8-37所示。

2.PVC塑料扣板、塑钢板、集成吊顶

PVC塑料扣板主要是以PVC作为主要原料制作而成的，具有价格低廉、施工方便、防水、易清洗等多重优点，在家居装饰的厨卫空间之中曾经也获得了十分广泛的应用，在一些比较低档的公共空间之中同样也存在很大的使用比例。但是随着铝扣板的大力推广，其应用的范围正在日趋减少，基本上已经处于被淘汰的边缘。

图8-37　夹板吊顶

PVC吊顶的直接问题就是非常容易变形且没有较好的防火性，同时其在外观层面上也不及铝扣板美观，显得十分低档。PVC塑料扣板在后期发展出了塑钢板，也称之为UPVC。塑钢板在强度与硬度等基本物理性能方面要比PVC塑料扣板有了更强的表现，也被视作PVC塑料扣板的升级产品。目前市场上的集成吊顶（图8-38）是HUV金属方板与电器的组合。分为扣板模块、取暖模块、照明模块、换气模块。安装简单，布置灵活，维修方便，成为卫生间、厨房吊顶的主流。

图 8-38 集成吊顶

3. 矿棉板、硅钙板

矿棉板与硅钙板制作的吊顶大多被应用在一些公共空间之中，在家居装饰方面没有太多的应用。

矿棉板与硅钙板表面都能够制作各种色彩的图案和立体的形状，大多都和轻钢龙骨或铝合金龙骨进行搭配应用，在实用性的基础上还有不错的装饰性，被非常广泛地应用在会议室、办公室、影院等多种公共空间之中(图 8-39)。

图 8-39 矿棉板应用实景

4. 玻璃

把装饰玻璃直接用在天花板当作装饰也属于当前较为常见的一种装饰手法。装饰玻璃的种类有很多种。天花板上所用的装饰玻璃主要包括彩色玻璃、镜面玻璃、磨砂玻璃等。玻璃可利用灯光折射出漂亮的光影效果，属于当前非常受欢迎的一类装饰类型（图 8-40）。

图 8-40　装饰玻璃应用实景

## 二、顶面装饰施工工艺

### （一）石膏板吊顶施工工艺

吊顶装饰是将各种龙骨（木龙骨、轻钢龙骨、铝合金龙骨）固定在楼板上，这种由吊顶龙骨和装饰面板组成的系统称为吊顶装饰系统。

龙骨包括冷轧钢板、镀锌薄钢板、彩色喷塑钢板、铝合金板、木龙骨等。

吊顶构造包括吊点、吊筋、龙骨、饰面板。

吊顶装饰面板包括石膏板、石棉板、纤维板等，有吸声、防火、保温等特点。

1. 弹线

顶面弹线通常需要在墙面上弹出一个吊顶标高线，根据设计标高沿墙面的四周展开弹线，作为顶棚安装时的标准线，其水平一般都允许偏差 ±5 毫米。

弹线不只是弹出装修所用的标高线，还一定要弹出各个定位线，作为安装定位骨架的重要依据。具体的施工要点如下：天花板的标高通常都是以施工图作为依据来设定，如有特殊情况，如房间的主梁比较高，空间比较矮，天花板梁都会影响到电路管线的通过，故应根据特殊情况进行相应处理。或者聘请设计师专门到现场进行处理，或者和业主们商量如何进行妥当的处理。这种情况通常都是以最低点作为天花板标高或者分级处理的。

2. 切割龙骨与钻孔

（1）切割龙骨。弹线结束之后，依据事先已经做好的长度，切割轻钢龙骨。

（2）钻孔。钻孔在安装之前，需要在弹线已经标好的位置上每隔一段距离，就利用电钻打出一个钻孔。

钻孔的施工要点如下。

1）钻孔需要沿着已经弹好的标高标准线上方平面依次开凿，钻孔不能太深。尽可能避开墙体的承重钢筋，防止对墙体的承重结构产生破坏，更为了避免出现安全上的影响。

2）顶部的孔眼需要垂直，并且深度应该略长于平面的钻眼。

3. 打木楔

钻孔结束之后，利用木楔填充好孔眼作为接下来使用的固定点。

施工要点如下。

（1）注意应该运用比钻孔稍大些的木楔，填充应该做到坚实完整，这样作为固定点才可以起到非常好的承重天花板作用。

（2）边龙骨与顶面龙骨的固定点之间在间距上应该以400毫米为宜。

4. 安装边龙骨与顶面龙骨骨架

使用专用的龙骨固定工具，固定住边龙骨以及顶面龙骨的骨架，控制好固定的间距进行固定，确保龙骨的主骨架平整、牢固。

5. 安装龙骨的连接件与龙骨

顶面的龙骨骨架在安装好之后，在顶面的龙骨架下方再安装好龙骨的连接件，龙骨架和龙骨连接件之间依靠拉铆钉的连接方式连接在一起。

龙骨的连接件和龙骨之间同样也需要依靠拉铆钉连接的方式连接在一起。方法是首先用电钻打眼，之后再用专业的工具拉出铆钉。

6. 主、副龙骨安装

主龙骨的安装固定能够起到吊顶整体承重的受力作用，因此主龙骨的吊杆、挂架一定要使用膨胀螺栓加以固定，它方便用力，可以确保膨胀螺栓的膨胀帽张开和固定。

轻钢龙骨在构造方面看起来比较复杂，实际上则是有一定的规律可循的。通常而言，石膏板面板固定于副龙骨上，副龙骨则固定于主龙骨上，主龙骨需要固定主龙骨挂件，主龙骨的挂件则固定于吊杆或膨胀螺栓上，膨胀螺栓往往会固定于楼板上，这样就能够形成一个整体轻钢龙骨石膏板构架。

主龙骨、副龙骨的安装和固定步骤如下。

（1）电钻打孔，并且在孔内打入膨胀螺栓。

（2）在膨胀螺栓上固定龙骨挂件。

（3）在挂件上挂上主龙骨。

（4）挂好主龙骨后，拧紧螺丝，固定主龙骨于挂件上。

（5）副龙骨所使用的是专用吊挂件，连接副龙骨和主龙骨，龙骨在安装固定好之后，一定要检查龙骨的安装是否水平，这也是保证未来吊顶安全与美观十分重要的条件。

7. 安装石膏板面层

由于一旦在龙骨上安装和固定好石膏板，再返工就会变得非常麻烦。因此，在安装石膏板之前就需要仔细检查顶面的施工环节是否结束，水电管线的铺设是否已经完工，以避免出现返工现象。

（1）分割石膏板。基于吊顶面层的间隔距离以及副龙骨的间距，确定好石膏板所需的裁剪尺寸与大小，石膏板的大小一般都为 2 400 毫米 ×1 200 毫米或 3 000 毫米 ×1 200 毫米。先测量好弹线，之后再使用美工刀进行切割。

（2）安装石膏板面层。把专用的石膏板螺丝利用相应的工具拧入龙骨固定的石膏板中，螺钉应该下沉到石膏板上，长度应该在 0.2 毫米 ~ 0.5 毫米之间，不能破坏石膏板面。

施工要点如下。

1）安装石膏板的过程中，在石膏板上一定要标识出副龙骨的位置线，以便使用螺钉进行加固时能准确无误。

2）对于石膏板的安装，应从顶面的一侧位置着手，错缝安装或是从中间往四周加以固定。

3）石膏板进行安装，板的长面和主龙骨是呈十字交叉形状的，也就是和副龙骨之间是平行的。余料需要放到最后再安装。

4）板材和墙体间应留出来 3 毫米 ~ 5 毫米的间隙，螺丝和板边的距离应该在 15 毫米 ~ 20 毫米之间。

5）在安装好了石膏板面板之后，在钉眼位置需要点上防锈油漆。这样做主要是为了防止以后螺钉出现生锈的情况，锈斑可能会导致钉眼处的乳胶漆泛黄，影响装修的美观性（图 8-41）。

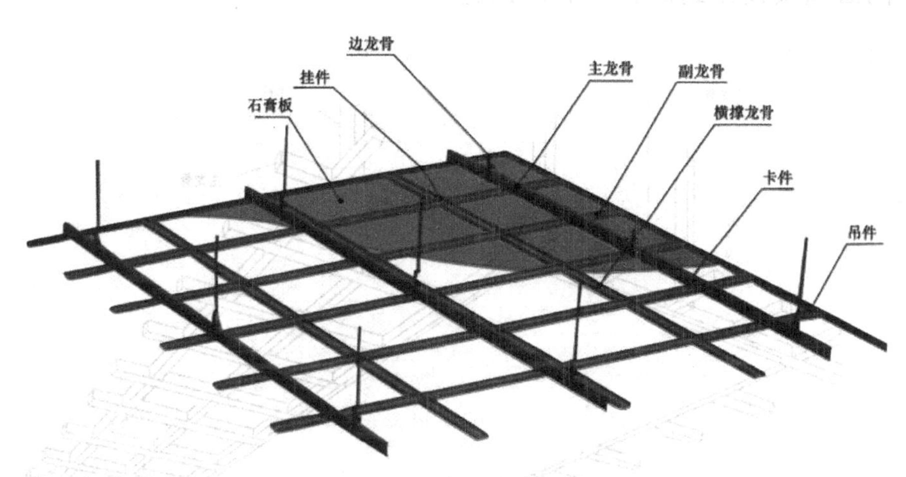


图 8-41　轻钢龙骨石膏板吊顶

（二）木龙骨夹板吊顶施工工艺

通常而言，夹板往往都会采用木龙骨作为承重的骨架，而石膏板需要采用的是轻钢龙骨作为承重的骨架。但是这也并非是绝对的，石膏板同样也会在很多情况下采用木龙骨作为承重骨架。考虑到当前市场上仍然还有很多人使用夹板装饰天花板，在这里简单论述一下木龙骨夹板吊顶的施工。

（1）打好水平线之后，测量和弹好施工线。

（2）钻眼，打好木锲当作墙面的紧固件。

（3）做龙骨架，充分利用好事先就已经钉入墙体的木锲打钉和膨胀螺丝，对龙骨进行固定。

（4）龙骨顶面的固定往往都需要使用木拉筋拉住木龙骨，上方需要使用膨胀螺丝，拉筋打成人字形。

（5）将龙骨安装完毕之后，一定要满刷防火涂料。这是由于木龙骨大多是由松木与杉木制作而成，在防火性能方面表现极差，安装好之后一定要全面刷上防火涂料，刷完之后，木龙骨会呈白色。

（6）封板。木板使用胶水与射钉枪加以固定。有灯槽的槽内必须要使用封底板（图 8-42）。

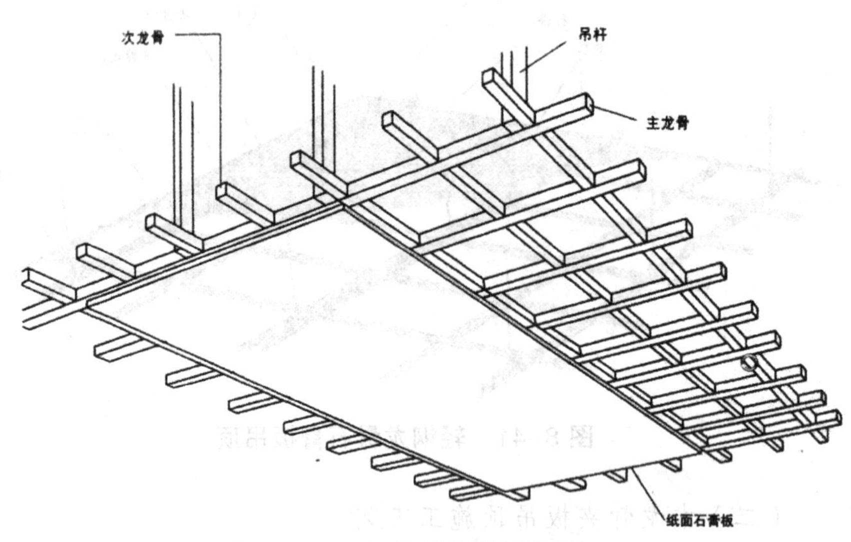


图 8-42 木龙骨石膏板吊顶

# 参考文献

[1] 郑曙旸 . 室内设计思维与方法 [M]. 北京：中国建筑工业出版社，2003.

[2] 高嵬，刘树老 . 室内设计 [M]. 上海：东华大学出版社，2010.

[3] 梁昱，胡筱蕾 . 室内设计原理 [M]. 上海：上海人民美术出版，2016.

[4] 马澜 . 室内设计 [M]. 北京：清华大学出版社，2012.

[5] 胡海燕 . 建筑室内设计 [M]. 北京：化学工业出版社，2009.

[6] 李强 . 室内设计基础 [M]. 北京：化学工业出版社，2011.

[7] 文健 . 室内空间设计 [M]. 北京：北京科文图书业信息技术有限公司，2008.

[8] 李朝阳 . 室内空间设计 [M]. 北京：中国建筑工业出版社，2011.

[9] 李栋 . 室内装饰材料与应用 [M]. 南京：东南大学出版社，2005.

[10] 刘怀敏 . 室内软装饰设计 [M]. 北京：化学工业出版社，2015.

[11] 苗壮，刘静波 . 室内装饰材料与施工 [M]. 哈尔滨：哈尔滨工业大学出版社，2003.

[12] 殷正洲 . 室内设计 [M]. 上海：上海画报出版社，2009.

[13] 张玉明 . 建筑装饰材料与施工工艺 [M]. 济南：山东科学技术出版社，2004.

[14] 金卫华 . 商业空间装饰设计 [M]. 杭州：浙江科学技术出版社，2004.

[15] 蔡颖佶，徐鹏 . 家庭装修设计与施工 [M]. 成都：四川科学技术出版社，2003.

[16] 周燕珉 . 住宅精细化设计Ⅱ [M]. 北京：中国建筑工业出版社，2015.

[17] 张青萍 . 室内环境设计 [M]. 北京：北京林业出版社，2003.

[18] 黎志涛 . 室内设计方法入门 [M]. 北京：中国建筑工业出版社，2004.

[19] 许柏鸣 . 家具设计 [M]. 北京：中国轻工业出版社，2002.

[20] 张绮曼 . 室内设计的风格样式与流派 [M]. 北京：中国建筑工业出版社，2000.

[21] 焦涛，李捷 . 建筑装饰设计 [M]. 武汉：武汉理工大学出版社，2010.

[22] 陈易 . 建筑室内设计 [M]. 上海：同济大学出版社，2001.

[23] 潘吾华 . 室内陈设艺术设计 [M]. 北京：中国建筑工业出版社，1999.

[24] 郝维刚，赫维强 . 建筑室内设计——创建宜人的室内环境 [M]. 天津：天津大学出版社，2000.

[25] 冯美宇 . 建筑装饰装修与构造 [M]. 北京：机械工业出版社，2004.

[26] 朱钟炎 . 室内环境设计原理 [M]. 上海：同济大学出版社，2003.

[27] 霍维国，霍光 . 室内设计原理 [M]. 海口：海南出版社，1996.

[28] 董君 . 公共空间室内设计 [M]. 北京：中国林业出版社，2011.

[29] 杨清平，李柏山 . 公共空间设计（2 版）[M]. 北京：北京大学出版社，2012.

[30] 来增祥，陆震纬．室内设计原理（上册）[M]. 北京：中国建筑工业出版社，2003.

[31] 刘洪波．公共空间设计 [M]. 哈尔滨：哈尔滨工程大学出版社，2009.

[32] 王勇．室内装饰材料与应用 [M]. 北京：中国电力出版社，2012.

[33] 张志刚．家具与室内装饰材料 [M]. 北京：中国林业出版社，2002.

[34] 郭谦．室内装饰材料与施工 [M]. 北京：中国水利水电出版社，2006.

[35] 蔡绍祥．室内装饰材料 [M]. 北京：化学工业出版社，2010.

[36] 张峰，陈雪杰．室内装饰材料应用与施工 [M]. 北京：中国电力出版社，2009.

[37] 李国华．建筑装饰材料 [M]. 北京：中国建材工业出版社，2004.

[38] 邱晓葵．室内设计 [M]. 北京：高等教育出版社，2008.

[39] 招霞．家的色彩 [M]. 南京：江苏凤凰科学出版社，2018.

[40] 张铸．室内设计色彩搭配图解手册 [M]. 北京：中国轻工业出版社，2018.

[41] 尼尔森，泰勒．美国大学室内装饰设计教程 [M]. 上海：上海人民美术出版社，2008.

[42] 邓雪娴，周燕珉，夏晓国．餐饮建筑设计 [M]. 北京：中国建筑工业出版社，2012.